10 일에 완성하는 영역별 연산

바빠
연산법
시리즈

징검다리 교육연구소, 최순미 지음

# 바쁜

## 5·6학년을 위한

# 빠른 소수

한 번에
잡자!

한 권으로
총정리!

- 소수의 덧셈과 뺄셈
- 소수의 곱셈과 나눗셈
- 분수와 소수의 혼합 계산

이지스에듀

지은이 징검다리 교육연구소, 최순미

징검다리 교육연구소는 바쁜 친구들을 위한 빠른 학습법을 연구하는 이지스에듀의 공부 연구소입니다. 아이들이 기계적으로 공부하지 않도록, 두뇌가 활성화되는 과학적 학습 설계가 적용된 책을 만듭니다.

최순미 선생님은 영역별 연산 훈련 교재로, 연산 시장에 새바람을 일으킨《바쁜 5·6학년을 위한 빠른 연산법》,《바쁜 3·4학년을 위한 빠른 연산법》,《바쁜 1·2학년을 위한 빠른 연산법》시리즈와 요즘 학교 시험 서술형을 누구나 쉽게 익힐 수 있는 《나 혼자 푼다! 수학 문장제》 시리즈를 집필한 저자입니다. 또한, 20년이 넘는 기간 동안 EBS, 디딤돌 등과 함께 100여 종이 넘는 교재 개발에 참여해 온, 초등 수학 전문 개발자입니다.

바쁜 친구들이 즐거워지는 빠른 학습법 - 바빠 연산법 시리즈(개정판)

# 바쁜 5, 6학년을 위한 빠른 소수

초판 발행  2021년 5월 30일
          (2013년 12월에 출간된 책을 새 교육과정에 맞춰 개정했습니다.)
초판 6쇄  2024년 10월 30일
지은이  징검다리 교육연구소, 최순미
발행인  이지연
펴낸곳  이지스퍼블리싱(주)
출판사 등록번호  제313-2010-123호
주소  서울시 마포구 잔다리로 109 이지스 빌딩 5층(우편번호 04003)
대표전화  02-325-1722                      팩스  02-326-1723
이지스퍼블리싱 홈페이지  www.easyspub.com    이지스에듀 카페  www.easysedu.co.kr
바빠 아지트 블로그  blog.naver.com/easyspub   인스타그램  @easys_edu
페이스북  www.facebook.com/easyspub2014   이메일  service@easyspub.co.kr

본부장 조은미   기획 및 책임 편집 김현주 | 박지연, 정지연, 이지혜   교정 교열 김정은
표지 및 내지 디자인 정우영   그림 김학수   전산편집 이츠북스   인쇄 보광문화사
영업 및 문의 이주동, 김요한(support@easyspub.co.kr) 마케팅 라혜주 독자 지원 박애림, 김수경

ISBN 979-11-6303-251-9 64410
ISBN 979-11-6303-253-3(세트)
가격 9,800원

## 알찬 교육 정보도 만나고 출판사 이벤트에도 참여하세요!

| 1. 바빠 공부단 카페 | 2. 인스타그램 | 3. 카카오 플러스 친구 |
|---|---|---|
| cafe.naver.com/easyispub | @easys_edu | 이지스에듀 검색! |

• **이지스에듀**는 이지스퍼블리싱의 교육 브랜드입니다.
  (이지스에듀는 아이들을 탈락시키지 않고 모두 목적지까지 데려가는 책을 만듭니다!)

# "펑펑 쏟아져야 눈이 쌓이듯, 공부도 집중해야 실력이 쌓인다."

## 교과서 집필 교수, 영재교육 연구소, 수학 전문학원, 명강사들이 적극 추천하는 '바빠 연산법'

'바빠 연산법' 시리즈는 학생들이 수학적 개념의 이해를 통해 수학적 절차를 터득하도록 체계적으로 구성한 책입니다.

김진호 교수(초등 수학 교과서 집필진)

'바빠 연산법' 시리즈는 수학적 사고 과정을 온전하게 통과하도록 친절하게 안내하는 길잡이입니다. 이 책을 끝낸 학생의 연필 끝에는 연산의 정확성과 속도가 장착되어 있을 거예요!

호사라 박사(분당 영재사랑 교육연구소)

단순 반복 계산이 아닌 정확한 이해를 바탕으로 스스로 생각하는 힘을 길러 주는 연산 책입니다. 수학의 자신감을 키워 줄 뿐 아니라 심화·사고력 학습에도 도움을 줄 것입니다.

박지현 원장(대치동 현수학학원)

한 영역의 계산을 체계적으로 배치해 놓아 학생들이 '끝을 보려고 달려들기'에 좋은 구조입니다. 계산 속도와 정확성을 완벽한 경지로 올려 줄 것입니다.

김종명 원장(분당 GTG수학 본원)

친절한 개념 설명과 문제 풀이 비법까지 담겨 있어 연산 실력을 단기간에 끌어올릴 수 있는 최고의 교재입니다. 수학의 기초가 부족한 고학년 학생에게 '강추'합니다.

정경이 원장(하늘교육 문래학원)

연산 책의 앞부분만 풀려 있다면 반복적이고 많은 문제 수에 치여서 싫어한다는 뜻입니다. 쉬운 내용은 압축, 어려운 내용은 충분히 연습하도록 구성해 학습 효율을 높인 '바빠 연산법'을 적극 추천합니다.

한정우 원장(일산 잇츠수학)

수학 공부는 등산과 같습니다. 산 아래에서 시작해 정상까지 오른다는 점은 같지만, 어떻게 오르느냐에 따라 걸리는 노력과 시간에도 큰 차이가 있죠. 수학이라는 산에 가장 빠르고 쉽게 오르도록 도와줄 책입니다.

김민경 원장(동탄 더원수학)

빠르게, 하지만 충실하게 연산의 이해와 연습이 가능한 교재입니다. 학년이 높아지면서 수학이 어렵다고 느끼지만 어디부터 시작해야 할지 모르는 학생들에게 '바빠 연산법'을 추천합니다.

남신혜 선생(서울 아카데미)

# 초등 5, 6학년 우리는 바쁘다!

### 고학년에게는 고학년 전용 연산 책이 필요하다.

어느덧 고학년이 되었어요.
이렇게 6학년이 되어도, 중학생이
되어도 괜찮을까요?

알긴 아는데 자꾸 실수하고,
계산 문제가 나오면 갑자기 피곤해져요.

**중학교 가기 전
꼭 갖춰야 할
'연산 능력'**

초등 수학의 80%는 연산입니다. 그러므로 중학교에 가기 전 꼭 갖춰야 할
능력 중 하나가 바로 연산 능력입니다. 배울 게 점점 더 많아지는데 연산에
서 힘을 빼면 안 되잖아요. 그러니 지금이라도 연산 능력을 갖춰야 합니다.
연산에 충분한 시간을 쏟을 수 없는 5, 6학년도 '바빠 연산법'으로 자신 없
는 연산만 훈련해도 문제없이 다음 진도를 따라갈 수 있습니다.

**"선행 학습을
한다고 해서
연산 능력이 저절로
키워지지는 않는다!"**

학원에 다니는 상위 1% 학생도 계산력이 부족하면 진도와는 별도로 연산
이 완벽해지도록 훈련을 시킵니다.
수학 경시대회 1등 한 학생을 지도한 원장님조차도 "연산 능력은 수학 진
도를 선행한다거나, 사고력을 키운다고 해서 저절로 해결되지 않습니다.
계산 능력에 관한 한, 무조건 훈련 또 훈련을 반복해서 숙달되어야 합니
다. 연산이 먼저 해결되어야 문제 해결력을 높일 수 있거든요."라고 말합
니다.
더도 말고 딱 10일만 분수든 소수든 곱셈이든 나눗셈이든, 안 되는 연산
에 집중해서 시간을 투자해 보세요.

**영역별로
훈련하면 효율적!
"넌 분수가 약해?
난 소수가 약해."**

우리나라 초등 교과서는 연산, 도형, 측정, 확률 등 다양한 영역을 종합적으로 배우게 되어 있습니다. 예를 들어 분수만 해도 3학년에서 6학년에 걸쳐 조금씩 나누어서 배우다 보니 학생들이 앞에서 배운 걸 잊어버리는 경우가 많습니다. 그렇기 때문에 고학년일수록 분수, 소수, 곱셈, 나눗셈 등 부족한 영역만 선택하여 정리하는 게 효율적입니다.

수학의 기본인 연산은 벽돌쌓기와 같습니다. 앞에서 결손이 생기면 뒤로 갈수록 결손이 누적되어 나중에 수학이라는 큰 집을 지을 수 없게 됩니다. 방학과 같이 집중할 수 있는 시간이 주어졌을 때 자신이 약하다고 생각하는 영역을 단기간 집중적으로 훈련하여 보강해 보는 건 어떨까요?

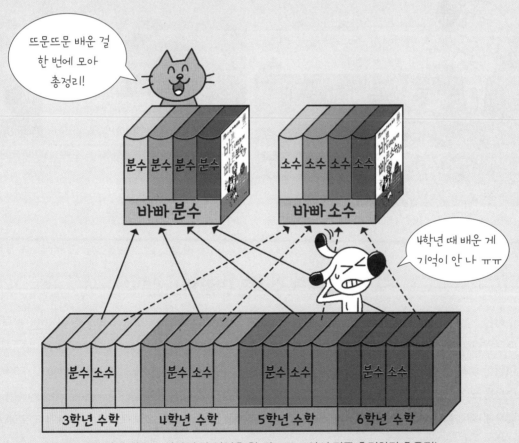

여러 학년에 걸쳐 배우는 연산의 각 영역을 한 권으로 모아서 집중 훈련하면 효율적!

**평평 쏟아져야
눈이 쌓이듯,
공부도 집중해야
실력이 쌓인다!**

눈이 쌓이는 걸 본 적이 있나요? 눈이 오다 말면 모두 녹아 버리지만, 평평 쏟아지면 차곡차곡 바닥에 쌓입니다. 공부도 마찬가지입니다. 며칠에 한 단계씩, 찔끔찔끔 공부하면 배운 게 쌓이지 않고 눈처럼 녹아 버립니다. 집중해서 평평 공부해야 실력이 차곡차곡 쌓입니다.

'바빠 연산법' 시리즈는 한 권에 23~26단계씩 모두 4권으로 구성되어 있습니다. 몇 달에 걸쳐 푸는 것보다 하루에 2~3단계씩 10~20일 안에 푸는 것이 효율적입니다. 집중해서 공부하면 전체 맥락을 쉽게 이해할 수 있어서 한 권을 모두 푸는 데 드는 시간도 줄어들 것입니다. 어느 '하나'에 단기간 몰입하여 익히면 그것에 통달하게 되거든요.

1주일에 한 번씩 공부했더니 다 녹아 버렸네?

날마다 30분씩 연산을 공부했더니 이렇게 쌓였어!

10~20일 안에 풀면 한 권을 푸는 데 드는 시간도 줄어듭니다.

### ◆사람들은 왜 수학을 어렵게 느낄까?◆

수학은 기초 내용을 바탕으로 그 위에 새로운 내용을 덧붙여 점차 발전시키는 '계통성'이 강한 학문이기 때문입니다. 약수를 모르면 분수의 덧셈을 잘 못하고, 곱셈이 약하면 나눗셈도 잘 풀 수 없습니다. 수학은 이러한 특징 때문에 앞서 배운 내용을 이해하지 못해 학습 결손이 생기면 다음 내용을 공부할 때 유난히 어려움을 느낍니다. 이 책처럼 한 영역씩 집중해서 학습하면 기초 내용을 바탕으로 새로운 내용을 학습하기 때문에 체계성이 높아져 학습 성취도가 더욱 높아집니다. 또한 전체를 계통적으로 학습하기 때문에 학습 흐름이 한눈에 정리됩니다.

# 학원 선생님과 독자의 의견 덕분에 더 좋아졌어요!

'바빠 연산법'이 개정 교육과정을 반영해 새롭게 나왔습니다. 이번 판에서는 '바빠 연산법'을 이미 풀어 본 학생, 학부모, 학원 선생님들의 의견을 받아 학습 효과를 더욱 높였습니다. 이를 위해 학생이 직접 푼 교재 30여 권을 다시 수거해 아이들이 어떻게 풀었는지, 어느 부분에서 자주 틀렸는지 등의 실제 학습 패턴을 파악했습니다. 또한 아이의 학습을 어떻게 진행했는지 학부모, 학원 선생님들과 소통했습니다. 이렇게 독자 여러분의 생생한 의견을 종합해 '진짜 효과적인 방법', '직접 도움을 주는 방향'으로 구성했습니다.

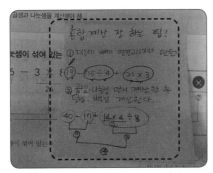

수학학원 원장님에게 받은 꿀팁 수록!

실제 독자가 푼 '바빠 연산법' 책을 통해 학습 패턴 파악!

## ☆ 우리 집에서도 진단 평가 후 맞춤 학습 가능!

집에서도 현재 아이의 학습 상태를 정확하게 진단하고, 맞춤형 학습 계획을 세우고 싶다는 학부모님의 의견을 반영하여, 수학 학원 원장님들의 실제 진단 평가 방식을 적용했습니다.

▸▸▸ 13쪽

## ☆ 쉬운 부분은 빠르게 훑고, 어려운 내용은 더 많이 연습하는 탄력적 배치!

기계적으로 반복하는 연산 문제는 풀기 싫어한다는 의견을 적극 반영하여, 간단한 연습만으로도 충분한 단계는 3쪽으로, 더 많은 연습이 필요한 단계는 4쪽, 5쪽으로 확대하여 더욱 탄력적으로 구성했습니다. 기계적인 반복 훈련을 배제하여 같은 시간을 들여도 더 효율적으로 공부할 수 있습니다.

## 선생님이 바로 옆에 계신 듯한 설명

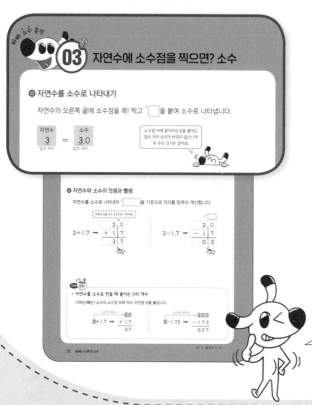

### 무조건 풀지 않는다!
### 개념을 보고 '느낌 알면서~.'

개념을 바르게 이해하지 못한 채 생각 없이 문제만 풀다 보면 어느 순간 벽에 부딪힐 수 있어요. 기초 체력을 키우려면 영양소를 골고루 섭취해야 하듯, 연산도 훈련 과정에서 개념과 원리를 함께 접해야 기초를 건강하게 다질 수 있답니다.

오호! 제목만 읽어도 개념이 쏙쏙~.

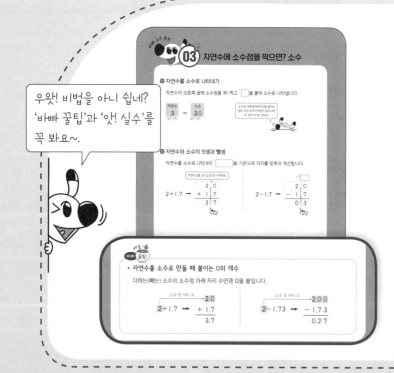

우왓! 비법을 아니 쉽네? '바빠 꿀팁'과 '앗! 실수'를 꼭 봐요~.

### 책 속의 선생님!
### '바빠 꿀팁'과 '앗! 실수'로
### 선생님과 함께 푼다!

수학 전문학원 원장님들의 의견을 받아 책 곳곳에 친절한 도움말을 담았어요. 문제를 풀 때 알아두면 좋은 '바빠 꿀팁'부터 실수를 줄여 주는 '앗! 실수'까지! 혼자 푸는데도 선생님이 옆에 있는 것 같아요!

## 종합 선물 같은 훈련 문제

### 실력을 쌓아 주는
### 바빠의 '작은 발걸음' 방식!

쉬운 내용은 빠르게 학습하고, 어려운 부분은 더 많이 훈련하도록 구성해 학습 효율을 높였어요. 또한 조금씩 수준을 높여 도전하는 바빠의 '작은 발걸음 방식(small step)'으로 몰입도를 높였어요.

> 느닷없이 어려워지지 않으니 끝까지 풀 수 있어요~.

### 생활 속 언어로 이해하고,
### 내 것으로 만드니 자신감이
### 저절로!

단순 계산력 문제만 연습하고 끝나지 않아요. 쉬운 문장제로 생활 속 개념을 정리하고, 한 마당이 끝날 때마다 섞어서 연습하고, 게임처럼 즐겁게 마무리하는 종합 문제까지!

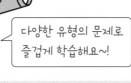

> 다양한 유형의 문제로 즐겁게 학습해요~!

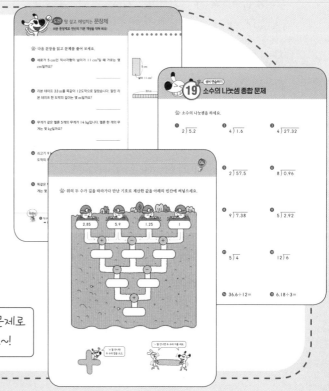

9

# 5·6학년 바빠 연산법, 집에서 이렇게 활용하세요!

## ☆ 수학이 어려운 5학년 학생이라면?

구구단을 모르면 곱셈 계산을 할 수 없듯이, 곱셈과 나눗셈이 완벽하지 않으면 분수와 소수의 계산을 잘하기 어렵습니다. 먼저 '바빠 연산법'의 곱셈, 나눗셈으로 연습하여, 분수와 소수 계산을 잘하기 위한 기본기 먼저 다져 보세요.

## ☆ 수학이 어려운 6학년 학생이라면?

6학년이 되었는데 아직도 수학이 너무 어렵다고요? 걱정하지 말아요. 지금부터 시작해도 충분히 할 수 있어요! 먼저 진단 평가로 어느 부분이 부족한지 파악하세요. 곱셈이나 나눗셈 계산이 힘든지, 분수가 어려운지 또는 소수 계산에 시간이 너무 오래 걸리는지 확인해 각 단점을 보완할 수 있는 '바빠 연산법' 시리즈의 곱셈, 나눗셈, 분수, 소수 중 1권씩 골라서 공부해 보세요. 6학년 친구들은 분수와 소수를 더 많이 풀어요.

## ☆ 중학교 수학이 걱정인 6학년 학생이라면?

중학교 수학, 생각만 해도 불안하죠? 초등학교에서 배운 수학의 기초가 튼튼하다면 중학교 수학도 얼마든지 잘할 수 있으니 걱정하지 말아요.

기본 연산 훈련이 충분히 되어 있다면, 중학교 수학에서 꼭 필요한 분수 영역을 '바빠 연산법' 분수로 학습해 튼튼한 기초를 다져 보세요. 그런 다음 '바빠 중학 연산'으로 중학 수학을 공부하세요!

▶ 5, 6학년 연산을 총정리하고 싶은 친구는 곱셈→ 나눗셈→ 분수→ 소수 순서로 풀어 보세요.

# 바빠 수학,
# 학원에서는 이렇게 활용해요!

도움말: 더원수학 김민경 원장(네이버 '바빠 공부단 카페' 바빠쌤)

## ☻ 학습 결손 해결, 1:1 맞춤 보충 교재는? '바빠 연산법'

영역별로 집중 훈련하도록 구성되어, 학생별 1:1 맞춤 수업 교재로 사용합니다. 분수가 부족한 학생은 분수로 빠르게 결손을 보강하고, 기초 연산 실력이 부족한 친구들은 곱셈, 나눗셈으로 기본 연산부터 훈련합니다. 부족한 부분만 핀셋으로 콕! 집듯이 공부할 수 있어 좋아요!

숙제나 보충 교재로 활용한다면 기존 수업 방식에 큰 변화 없이도 부족한 연산 결손을 보강할 수 있어 활용도가 높습니다.

## ☻ 다음 학기 선행은? '바빠 교과서 연산'

'바빠 교과서 연산'은 학기 중 진도 따라 풀어도 좋은 책이지만 방학 동안 다음 학기 선행을 준비할 때도 큰 도움이 됩니다. 일단 쉽기 때문입니다. 교과서 순서대로 빠르게 공부할 수 있어 짧은 방학 동안 부담 없이 학습할 수 있습니다. 첫 번째 교과 수학 선행 책으로 추천합니다.

## ☻ 서술형 대비는? '나 혼자 푼다! 수학 문장제'

연산 영역을 보강한 학생 중 서술형을 어려워하는 학생은 마지막에 꼭 '나 혼자 푼다! 수학 문장제'를 추가로 수업합니다. 학교 교과 수준의 어렵지도 쉽지도 않은 딱 적당한 난이도라, 공부하기 좋아요. 다양한 꿀팁과 친절한 설명이 담겨 있는 시리즈로, 학생 혼자서도 충분히 풀 수 있어 숙제로 내주기도 합니다.

# 바쁜 5·6학년을 위한 빠른 소수

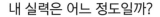

# 진단 평가

'차근차근 문제를 풀어 더 정확하게 확인하겠다!' 면 20문항을 모두 풀고,
'빠르게 확인하고 계획을 세울 자신이 있다!' 면 짝수 문항만 풀어 보세요.

내 실력은 어느 정도일까?

15분 진단

평가 문항: 20문항

5학년은 풀지 않아도 됩니다.
➡ 바로 20일 진도로 진행!

진단할 시간이 부족할 때

7분 진단

짝수 문항만
풀어 보세요~.

평가 문항: 10문항

학원이나 공부방 등에서
진단 시간이 부족할 때 사용!

 시계가 준비됐나요?
자! 이제, 제시된 시간 안에 진단 평가를 풀어 본 후
16쪽의 '권장 진도표'를 참고하여 공부 계획을 세워 보세요.

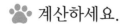 계산하세요.

① 　3.47
　+0.78

② 　1.3
　−0.45

③ 　2.9
　×　3

④ 　　6
　×0.49

⑤ 2.5×9.4=

⑥ 0.92×1000=

🐾 소수의 나눗셈을 하세요.(단, 나누어떨어지지 않으면 나누어떨어질 때까지 계산하세요.)

⑦ 　4)38.4

⑧ 　8)59.6

⑨ 　4)9

⑩ 　15)56.25

👣 나눗셈의 몫을 반올림하여 소수 둘째 자리까지 나타내세요.

⑪
$19 \overline{)\ 30\ }$

⑫
$7 \overline{)\ 23.7\ }$

👣 소수의 나눗셈을 하세요.

⑬
$6.5 \overline{)\ 45.5\ }$

⑭
$2.1 \overline{)\ 16.8\ }$

⑮
$3.4 \overline{)\ 9.18\ }$

⑯
$1.8 \overline{)\ 2.88\ }$

👣 나눗셈의 몫을 자연수 부분까지 구하고, 나머지를 구하세요.

⑰
$4 \overline{)\ 15.2\ }$

⑱
$1.3 \overline{)\ 2.9\ }$

👣 계산하세요.

⑲  $0.9 \div \dfrac{3}{4} =$

⑳  $1\dfrac{2}{7} \div 0.36 =$

## 나만의 공부 계획을 세워 보자

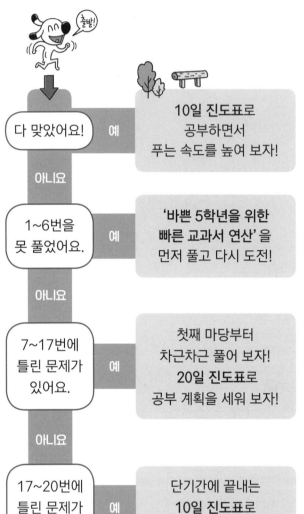

다 맞았어요! — 예 → 10일 진도표로 공부하면서 푸는 속도를 높여 보자!

아니요

1~6번을 못 풀었어요. — 예 → '바쁜 5학년을 위한 빠른 교과서 연산'을 먼저 풀고 다시 도전!

아니요

7~17번에 틀린 문제가 있어요. — 예 → 첫째 마당부터 차근차근 풀어 보자! 20일 진도표로 공부 계획을 세워 보자!

아니요

17~20번에 틀린 문제가 있어요. — 예 → 단기간에 끝내는 10일 진도표로 공부 계획을 세워 보자!

### 권장 진도표

| ★ | 20일 진도 | 10일 진도 |
|---|---|---|
| 1일 | 01 ~ 03 | 01 ~ 04 |
| 2일 | 04 | 05 ~ 06 |
| 3일 | 05 ~ 06 | 07 ~ 09 |
| 4일 | 07 ~ 08 | 10 ~ 12 |
| 5일 | 09 | 13 ~ 14 |
| 6일 | 10 | 15 ~ 16 |
| 7일 | 11 | 17 ~ 18 |
| 8일 | 12 | 19 |
| 9일 | 13 | 20 ~ 22 |
| 10일 | 14 | 23 ~ 24 |
| 11일 | 15 | |
| 12일 | 16 | |
| 13일 | 17 | |
| 14일 | 18 | |
| 15일 | 19 | |
| 16일 | 20 | |
| 17일 | 21 | |
| 18일 | 22 | |
| 19일 | 23 | |
| 20일 | 24 | |

야호! 총정리 끝!

### 진단 평가 정답

❶ 4.25  ② 0.85  ❸ 8.7  ④ 2.94  ❺ 23.5  ⑥ 920
❼ 9.6  ⑧ 7.45  ❾ 2.25  ⑩ 3.75  ⑪ 1.58  ⑫ 3.39
⑬ 7  ⑭ 8  ⑮ 2.7  ⑯ 1.6  ⑰ 3 … 3.2  ⑱ 2 … 0.3
⑲ $1\frac{1}{5}$ (1.2)  ⑳ $3\frac{4}{7}$

# 첫째 마당

## 소수의 덧셈과 뺄셈

소수의 덧셈과 뺄셈은 소수점을 기준으로 자리를 맞추는 게 가장 중요해요. 소수점의 위치만 잘 맞춘다면 계산하는 방법은 자연수와 똑같아 어렵지 않답니다. 이번 마당을 통해 소수점의 위치를 맞추는 것과 함께 받아올림이 있는 덧셈과 받아내림이 있는 뺄셈을 연습해 봐요!

공부할 내용!

| | 공부할 내용! | 완료 | 10일 진도 | 20일 진도 |
|---|---|---|---|---|
| 01 | 소수의 덧셈, 소수점이 기준! | ✔ | 1일차 | 1일차 |
| 02 | 소수의 뺄셈도 소수점이 기준! | ☐ | | |
| 03 | 자연수에 소수점을 찍으면? 소수 | ☐ | | |
| 04 | 소수의 덧셈과 뺄셈 종합 문제 | ☐ | | 2일차 |

# 01 소수의 덧셈, 소수점이 기준!

## ☆ 자릿수가 같은 소수의 덧셈

소수점을 기준으로 자리를 맞추어 쓰고, 가장 낮은 자리부터 차례로 더한 다음 소수점을 그대로 내려 찍습니다.

$$1.78 + 2.53 \longrightarrow$$

| | 1 | 7 | 8 |
|---|---|---|---|
| + | 2 | 5 | 3 |

소수점을 기준으로
자리를 맞추어 써요.

$\longrightarrow$

| 1$\square$ | | | |
|---|---|---|---|
| | 1 | 7 | 8 |
| + | 2 | 5 | 3 |
| | 4 | 3 | 1 |

소수점을 콕!

## ☆ 자릿수가 다른 소수의 덧셈

자릿수가 다른 소수의 덧셈도 $^2\boxed{\phantom{xxx}}$을 기준으로 자리를 맞추어 계산합니다.

$$3.2 + 1.64 \longrightarrow$$

| | 3 | 2 | |
|---|---|---|---|
| + | 1 | 6 | 4 |

소수점을 기준으로
자리를 맞추어 써요.

$\longrightarrow$

| | 3 | 2 | 0 |
|---|---|---|---|
| + | 1 | 6 | 4 |
| | 4 | 8 | 4 |

소수점 아래 끝자리에
0을 붙여 계산해요.

 꿀팁!

- **생략할 수 있는 0과 생략할 수 없는 0**

| 소수점 아래 끝자리에 있는 경우 | 일의 자리 또는 중간 자리에 있는 경우 |
|---|---|
| $3.200 = 3.20 = 3.2$ | $0.2 \cancel{=} 2$   $3.02 \cancel{=} 3.2$ |
| 수의 크기가 변하지 않으므로 생략할 수 있어요. | 자리를 나타낼 때 필요한 0은 생략할 수 없어요. |

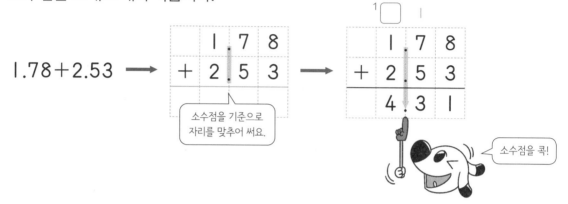

|   |   | 3 | . | 2 |   |
|---|---|---|---|---|---|
| + |   | 1 | . | 6 | 4 |
|   |   | 1 | . | 9 | 6 |

( × )

|   |   | 3 | . | 2 | 0 |
|---|---|---|---|---|---|
| + |   | 1 | . | 6 | 4 |
|   |   | 4 | . | 8 | 4 |

( × )

소수점을 기준으로 자리를 맞추어 쓰지 않거나
계산한 값에 소수점 찍는 것을 잊지 않도록 주의해요.

🐾 소수의 덧셈을 하세요.

**1**
```
  0.7
+ 0.2
```

**2**
```
  2.5
+ 1.7
```

**3**
```
  4.6
+ 3.6
```

**4**
```
  0.6 1
+ 0.3 4
```

**5**
```
  0.34
+ 0.58
```

**6**
```
  0.74
+ 0.27
```

**7**
```
  1.82
+ 0.55
```

**8**
```
  0.48
+ 1.99
```

**9**
```
  5.57
+ 4.29
```

**10**
```
  0.498
+ 0.547
```

**11**
```
  1.074
+ 0.938
```

**12**
```
  0.851
+ 2.479
```

**13** 1.28+6.95=

**14** 2.63+4.38=

**15** 3.93+2.47=

🐾 소수의 덧셈을 하세요.

**①**
$$\begin{array}{r} 4.08 \\ + 2.50 \\ \hline \end{array}$$

**②**
$$\begin{array}{r} 3.7 \\ + 1.29 \\ \hline \end{array}$$

**③**
$$\begin{array}{r} 0.5 \\ + 1.56 \\ \hline \end{array}$$

**④**
$$\begin{array}{r} 2.73 \\ + 0.8 \\ \hline \end{array}$$

**⑤**
$$\begin{array}{r} 1.9 \\ + 0.27 \\ \hline \end{array}$$

**⑥**
$$\begin{array}{r} 6.13 \\ + 3.9 \\ \hline \end{array}$$

**⑦**
$$\begin{array}{r} 0.813 \\ + 1.600 \\ \hline \end{array}$$

**⑧**
$$\begin{array}{r} 15.9 \\ + 8.016 \\ \hline \end{array}$$

**⑨**
$$\begin{array}{r} 6.457 \\ + 2.8 \\ \hline \end{array}$$

**⑩** 2.65+3.467

$$\begin{array}{r} 2.650 \\ + 3.467 \\ \hline \end{array}$$

**⑪** 5.024+1.99

$$+ \phantom{0}$$

**⑫** 4.38+2.642

$$+ \phantom{0}$$

**⑬** 0.196+2.98＝

**⑭** 1.76+5.395＝

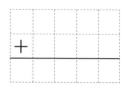

자릿수가 다를 땐
나를 기억해요.

🐾 다음 문장을 읽고 문제를 풀어 보세요.

❶ 우유를 수정이는 0.8 L, 재영이는 0.7 L 마셨습니다. 두 사람이 마신 우유는 모두 몇 L일까요?

                             _____

❷ 무게가 0.23 kg인 바구니 안에 무게가 0.97 kg인 인형이 있습니다. 인형이 담긴 바구니의 무게는 몇 kg일까요?

                             _____

❸ 아기 돌반지의 무게는 3.75 g이고, 어머니 금반지의 무게는 9.56 g입니다. 아기 돌반지와 어머니 금반지의 무게의 합은 몇 g일까요?

                             _____

❹ 2.728 L의 물이 들어 있는 물통에 1.58 L의 물을 더 부었습니다. 물통에 들어 있는 물은 모두 몇 L일까요?

                             _____

❺ 민수네 집에서 학교까지의 거리는 0.45 km이고, 학교에서 서점까지의 거리는 1.762 km입니다. 민수네 집에서 학교를 거쳐 서점까지의 거리는 모두 몇 km일까요?

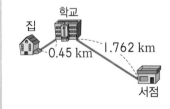

                             _____

❶ 구해야 하는 문장에 '모두'가 들어가면 '덧셈'을 하면 돼요.

# 02 소수의 뺄셈도 소수점이 기준!

## ☆ 자릿수가 같은 소수의 뺄셈

소수점을 기준으로 자리를 맞추어 쓰고, 가장 낮은 자리부터 차례로 뺀 다음
소수점을 그대로 내려 찍습니다.

$$0.62 - 0.45 \rightarrow$$

```
   0 . 6 2
 - 0 . 4 5
```
└ 소수점을 기준으로
  자리를 맞추어 써요.

$$\rightarrow$$

```
     5 ¹☐
   0 . 6 2
 - 0 . 4 5
 ─────────
   0 . 1 7
```
소수점을 콕!

## ☆ 자릿수가 다른 소수의 뺄셈

자릿수가 다른 소수의 뺄셈도 ² ☐ 을 기준으로 자리를 맞추어 계산합니다.

$$3.5 - 1.24 \rightarrow$$

```
   3 . 5
 - 1 . 2 4
```
└ 소수점을 기준으로
  자리를 맞추어 써요.

$$\rightarrow$$

```
     4  10
   3 . 5 0
 - 1 . 2 4
 ─────────
   2 . 2 6
```
소수점 아래 끝자리에
0을 붙여 계산해요.

### 앗! 실수

• 소수 첫째 자리 계산은 왜 9−3일까요?

```
   3 9 10
   4 . 0 3
 - 0 . 3 5
 ─────────
   3 . 6 8
```
9−3=6

4.03의 소수 첫째 자리 숫자가 0이고,
소수 둘째 자리로 10을 받아내림하였기 때문에
☐ 안의 수는 10이 아니라 9가 돼요.

5 9 10 10
6.0 ｘ2
− 2.345
3.667
소수점도 빠뜨리지 않아야 하는데 받아내림도 있어서 복잡하죠?
받아내림한 수를 작게 써 가면서 계산해 보세요.

🐾 소수의 뺄셈을 하세요.

**①**
```
  1.8
− 0.4
```

**②**
```
  2.1
− 1.3
```

**③**
```
  7.2
− 4.5
```

**④**
```
  0.27
− 0.05
```

**⑤**
```
  1.84
− 0.75
```

**⑥**
```
  5.29
− 1.78
```

**⑦**
```
  9.62
− 4.56
```

**⑧**
```
  8.61
− 1.77
```

**⑨**
```
  2.03
− 0.16
```

**⑩**
```
  4.037
− 1.459
```

**⑪**
```
  3.312
− 2.086
```

**⑫**
```
  7.859
− 2.479
```

**⑬** $12.36 - 1.98 =$

**⑭** $10.12 - 5.45 =$

**⑮** $16.03 - 7.19 =$

자릿수가 다른 소수의 덧셈처럼 자릿수가 다른 소수의 뺄셈도
소수점 아래 끝자리에 0을 붙여 계산하면 좀 더 쉬워져요.

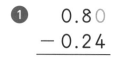 소수의 뺄셈을 하세요.

❶
```
   0.80
 − 0.24
```

❷
```
   1.65
 − 0.6
```

우리는 같은 수예요.

❸
```
   5.03
 − 3.5
```

❹
```
   6.2
 − 5.34
```

❺
```
   3.4
 − 0.93
```

❻
```
   6.300
 − 2.804
```

❼
```
   4.017
 − 1.3
```

❽
```
   1.7
 − 0.535
```

❾ 5.14−2.283
```
   5.140
 − 2.283
```

❿ 8.163−3.47
```
 −
```

⓫ 7.26−6.863
```
 −
```

⓬ 9.106−4.82=

⓭ 6.74−3.145=

⓮ 7.56−1.8=

🐾 다음 문장을 읽고 문제를 풀어 보세요.

❶ 망고 주스 1.2 L 중 0.3 L를 마셨습니다. 남은 망고 주스는 몇 L일까요?

———————————

❷ 책이 들어 있는 상자의 무게는 6.34 kg이고, 빈 상자의 무게는 0.7 kg입니다. 상자에 들어 있는 책의 무게는 몇 kg일까요?

———————————

❸ 배 한 박스의 무게는 15.27 kg입니다. 사과 한 박스의 무게는 배 한 박스의 무게보다 3.945 kg 더 가볍습니다. 사과 한 박스의 무게는 몇 kg일까요?

———————————

❹ 정민이는 공을 28.57 m만큼 던졌고, 주희는 27.92 m만큼 던졌습니다. 누가 몇 m 더 멀리 던졌을까요?

——————— , ———————

❺ 길이가 0.9 m인 막대를 똑바로 세워서 물통에 넣었더니 물 위로 나온 부분이 0.24 m였습니다. 물에 잠긴 막대의 길이는 몇 m일까요?

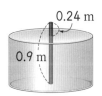

———————————

❺ (물에 잠긴 막대의 길이)＝(전체 막대의 길이)－(물 위로 나온 막대의 길이)

# 03 자연수에 소수점을 찍으면? 소수

## ☆ 자연수를 소수로 나타내기

자연수의 오른쪽 끝에 소수점을 콕! 찍고 [¹ ☐]을 붙여 소수로 나타냅니다.

$$자연수\;\underset{일의\ 자리}{3} = 소수\;\underset{일의\ 자리}{3.0}$$

> 소수점 아래 끝자리에 0을 붙여도 일의 자리 숫자가 바뀌지 않으니까 두 수의 크기는 같아요.

## ☆ 자연수와 소수의 덧셈과 뺄셈

자연수를 소수로 나타내어 [² ☐]을 기준으로 자리를 맞추어 계산합니다.

> 자연수 2를 소수 2.0으로 나타내요.

$$2+1.7 \rightarrow \begin{array}{r} 2.0 \\ +\ 1.7 \\ \hline 3.7 \end{array}$$

$$2-1.7 \rightarrow \begin{array}{r} 2.0 \\ -\ 1.7 \\ \hline 0.3 \end{array}$$

---

**바빠 꿀팁!**

• 자연수를 소수로 나타낼 때 붙이는 0의 개수

더하는(빼는) 소수의 소수점 아래 자리 수만큼 0을 붙입니다.

소수 한 자리 수
$$2+1.7 \rightarrow \begin{array}{r} 2.0 \\ +\ 1.7 \\ \hline 3.7 \end{array}$$

소수 두 자리 수
$$2-1.73 \rightarrow \begin{array}{r} 2.00 \\ -\ 1.73 \\ \hline 0.27 \end{array}$$

1. ⓪  2. 소수점  3. 10

자연수와 소수의 덧셈과 뺄셈을 세로로 계산할 때는
자연수를 소수로 나타내어 같은 자리끼리 계산하면 돼요.

 계산하세요.

**1**
```
    3 0
+   7.9
```

**2**
```
  5.2
+ 9
```

**3**
```
  1 4
+  8.5
```

**4**
```
  3.4
+ 1 7
```

**5**
```
  4
+ 2.78
```

**6**
```
  2.03
+ 5
```

**7**
```
  2 0
- 0.3
```

**8**
```
  6.5
- 4
```

**9**
```
  7
- 5.2
```

**10**
```
  3.1 4
- 2
```

**11**
```
  1
- 0.03
```

**12**
```
  1 0
-  6.85
```

**13** $6 + 0.84 =$

**14** $5.29 - 5 =$

**15** $21 - 9.12 =$

🐾 계산하세요.

**①**
```
   28.00
+   5.13
```

**②**
```
  6.28
+ 9
```

**③**
```
  47
+  4.95
```

**④**
```
      9
+ 11.672
```

**⑤**
```
  8.794
+ 25
```

**⑥**
```
  15
+ 19.267
```

**⑦**
```
  6.00
- 3.15
```

**⑧**
```
  5.03
- 4
```

**⑨**
```
  14
-  8.26
```

**⑩**
```
  12
-  8.071
```

**⑪**
```
  3.504
- 1
```

**⑫**
```
  4
- 0.029
```

**⑬** 8.203+6=

**⑭** 20.006−7=

**⑮** 42−18.183=

🐾 계산하세요.

**①**
$$\begin{array}{r} 16.00 \\ +\ 5.99 \\ \hline \end{array}$$

**②**
$$\begin{array}{r} 3.04 \\ +\ 7 \\ \hline \end{array}$$

**③**
$$\begin{array}{r} 0.326 \\ +\ 24 \\ \hline \end{array}$$

**④**
$$\begin{array}{r} 2.431 \\ +\ 18 \\ \hline \end{array}$$

**⑤**
$$\begin{array}{r} 4 \\ +\ 9.685 \\ \hline \end{array}$$

**⑥**
$$\begin{array}{r} 9 \\ +\ 2.746 \\ \hline \end{array}$$

**⑦**
$$\begin{array}{r} 31.000 \\ -\ 4.154 \\ \hline \end{array}$$

**⑧**
$$\begin{array}{r} 10.418 \\ -\ 6 \\ \hline \end{array}$$

**⑨**
$$\begin{array}{r} 40.941 \\ -\ 3 \\ \hline \end{array}$$

**⑩**
$$\begin{array}{r} 3 \\ -\ 2.107 \\ \hline \end{array}$$

**⑪**
$$\begin{array}{r} 9 \\ -\ 1.372 \\ \hline \end{array}$$

**⑫**
$$\begin{array}{r} 23 \\ -\ 6.479 \\ \hline \end{array}$$

**⑬** 6+2.063=

**⑭** 11−3.102=

소수에서는 내가 가장 중요해요.

소수점

🐾 다음 문장을 읽고 문제를 풀어 보세요.

**1** 과수원에서 포도를 현서는 2.638 kg, 준기는 4 kg 땄습니다. 현서와 준기가 딴 포도는 모두 몇 kg일까요?

_____

**2** 정민이의 키는 145 cm이고, 민준이의 키는 정민이보다 9.28 cm 더 큽니다. 민준이의 키는 몇 cm일까요?

_____

**3** 2 L의 물이 들어 있는 주전자의 물을 컵에 부었더니 주전자에 남아 있는 물이 1.67 L였습니다. 컵에 부은 물은 몇 L일까요?

_____

**4** 한 시간에 진아는 2.397 km를, 태영이는 3 km를 걸었습니다. 태영이는 진아보다 몇 km를 더 걸었을까요?

_____

속닥속닥

**3** (컵에 부은 물의 양)
= (처음 주전자의 물의 양) − (주전자에 남은 물의 양)

# 04 소수의 덧셈과 뺄셈 종합 문제

🐾 계산하세요.

①    1.2
   + 5.4

②    0.23
   + 0.98

③    6
   + 3.96

④    1.7
   + 2.83

⑤    4.86
   + 1.7

⑥    0.58
   + 0.47

⑦    1.58
   + 3.78

⑧    2.6
   + 5.94

⑨    3.63
   + 1.7

⑩    0.76
   − 0.53

⑪    8.25
   − 4.15

⑫    9.6
   − 3

⑬    9.26
   − 4.5

⑭    9.5
   − 8.72

⑮    5
   − 2.67

섞어서
연습해요!

🐾 계산하세요.

**1**  $\begin{array}{r} 3.7 \\ -2.5 \\ \hline \end{array}$

**2**  $\begin{array}{r} 3.94 \\ -1.51 \\ \hline \end{array}$

**3**  $\begin{array}{r} 4.8 \\ +2.4 \\ \hline \end{array}$

**4**  $\begin{array}{r} 0.48 \\ +5 \\ \hline \end{array}$

**5**  $\begin{array}{r} 1.37 \\ +2.92 \\ \hline \end{array}$

**6**  $\begin{array}{r} 4.5 \\ +2.67 \\ \hline \end{array}$

**7**  $\begin{array}{r} 7.3 \\ -5.9 \\ \hline \end{array}$

**8**  $\begin{array}{r} 3 \\ +4.52 \\ \hline \end{array}$

**9**  $\begin{array}{r} 2.04 \\ -1.9 \\ \hline \end{array}$

**10**  $\begin{array}{r} 4.49 \\ +2.72 \\ \hline \end{array}$

**11**  $\begin{array}{r} 4.67 \\ -2.8 \\ \hline \end{array}$

**12**  $\begin{array}{r} 7.58 \\ +1.8 \\ \hline \end{array}$

**13**  $\begin{array}{r} 6 \\ -4.9 \\ \hline \end{array}$

**14**  $\begin{array}{r} 5 \\ -2.45 \\ \hline \end{array}$

**15**  $\begin{array}{r} 9.08 \\ -2.19 \\ \hline \end{array}$

소수의 덧셈과 뺄셈

위의 두 수가 길을 따라가다 만난 기호로 계산한 값을 아래의 빈칸에 써넣으세요.

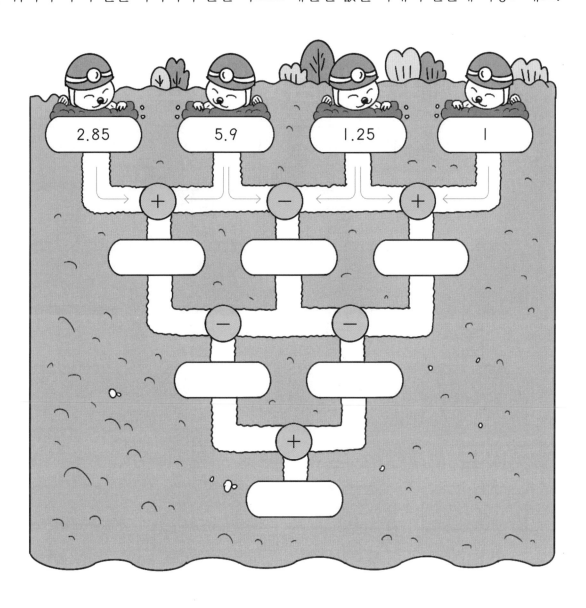

'+'를 만나면
두 수의 합을 쓰고,

'−'를 만나면 두 수의 차를 써요.

🐾 갈림길에서 계산 결과가 더 큰 길을 따라가면 집에 도착합니다. 토끼가 집에 가는 길을 표시하고, ☐ 안에 계산 결과를 써넣으세요.

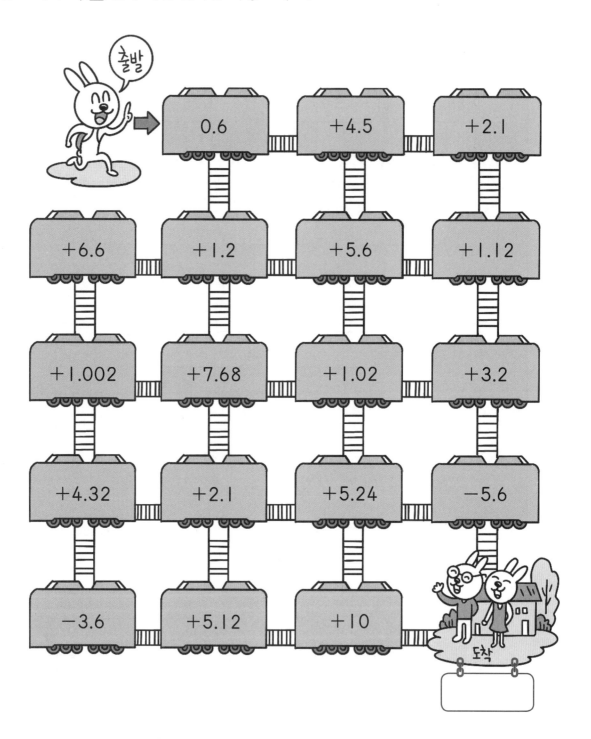

# 둘째 마당

# 소수의 곱셈

소수의 곱셈도 소수점의 위치를 찾을 줄만 알면 쉬워요. 사실은 소수의 곱셈 방법을 몰라서 못 풀기보다 저학년 때 배운 곱셈을 능숙하게 풀지 못해 실수하는 경우가 종종 있어요. 이번 마당을 통해 소수점의 위치를 찾는 것과 함께 받아올림이 있는 복잡한 곱셈까지 확실하게 연습해 봐요.

# 05 곱해지는 소수와 소수점의 위치를 같게!

## ☆ (소수)×(자연수)의 계산

자연수의 곱셈과 같은 방법으로 계산한 다음 곱해지는 소수의 소수점과 같은 위치에 <sup>1</sup>[곱]의 소수점을 찍습니다.

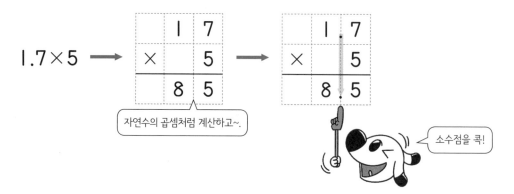

$1.7 \times 5 \longrightarrow$

자연수의 곱셈처럼 계산하고~.

소수점을 콕!

곱해지는 소수가 소수 두 자리 수이면 곱의 소수점도 소수 <sup>2</sup>☐ 자리 수에 맞춰 찍습니다.

← 소수 두 자리 수

← 소수 두 자리 수

곱해지는 소수가 소수 세 자리 수이면?

곱의 소수점도 소수 세 자리 수에 맞춰 찍어!

바빠 꿀팁!

• 소수점 아래 끝자리의 0

  $\longrightarrow 0.5 \times 8 = 4$

곱의 소수점을 찍은 다음 소수점 아래 끝자리의 필요 없는 0을 지워 간단히 나타내요.

1. 곱 2. 두

 A 곱해지는 소수가 소수 한 자리 수이면 곱도 소수 한 자리 수가 되고,
곱해지는 소수가 소수 두 자리 수이면 곱도 소수 두 자리 수가 돼요.

소수의 곱셈

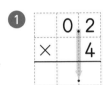 소수의 곱셈을 하세요.

**①**
```
   0.2
 ×   4
───────
```

**②**
```
   0.5
 ×   7
───────
```

**③**
```
   0.8
 ×   3
───────
```

**④**
```
   0.4
 ×   9
───────
```

**⑤**
```
   0.9
 ×   6
───────
```

**⑥**
```
   0.6
 ×   8
───────
```

**⑦**
```
   0.1 2
 ×     4
────────
```

**⑧**
```
   0.2 3
 ×     3
────────
```

**⑨**
```
   0.4 4
 ×     2
────────
```

**⑩**
```
   0.6 4
 ×     7
────────
```

**⑪**
```
   0.2 8
 ×     6
────────
```

**⑫**
```
   0.7 2
 ×     9
────────
```

**⑬**
```
   0.1 5
 ×     6
────────
```

**⑭**
```
   0.7 5
 ×     2
────────
```

**⑮**
```
   0.4 8
 ×     5
────────
```

🐾 소수의 곱셈을 하세요.

**①**
$$\begin{array}{r} 1.6 \\ \times\ \ \ 2 \\ \hline \end{array}$$

**②**
$$\begin{array}{r} 2.9 \\ \times\ \ \ 3 \\ \hline \end{array}$$

**③**
$$\begin{array}{r} 5.3 \\ \times\ \ \ 4 \\ \hline \end{array}$$

**④**
$$\begin{array}{r} 1.8 \\ \times\ \ \ 7 \\ \hline \end{array}$$

**⑤**
$$\begin{array}{r} 7.2 \\ \times\ \ \ 6 \\ \hline \end{array}$$

**⑥**
$$\begin{array}{r} 3.4 \\ \times\ \ \ 5 \\ \hline \end{array}$$

**⑦**
$$\begin{array}{r} 1.6\,2 \\ \times\ \ \ \ \ 3 \\ \hline \end{array}$$

**⑧**
$$\begin{array}{r} 4.0\,8 \\ \times\ \ \ \ \ 7 \\ \hline \end{array}$$

**⑨**
$$\begin{array}{r} 2.9\,1 \\ \times\ \ \ \ \ 6 \\ \hline \end{array}$$

**⑩**
$$\begin{array}{r} 5.7\,2 \\ \times\ \ \ \ \ 2 \\ \hline \end{array}$$

**⑪**
$$\begin{array}{r} 8.2\,8 \\ \times\ \ \ \ \ 5 \\ \hline \end{array}$$

**⑫**
$$\begin{array}{r} 7.3\,5 \\ \times\ \ \ \ \ 6 \\ \hline \end{array}$$

**⑬**
$$\begin{array}{r} 6.0\,4 \\ \times\ \ \ \ \ 4 \\ \hline \end{array}$$

**⑭**
$$\begin{array}{r} 9.2\,8 \\ \times\ \ \ \ \ 5 \\ \hline \end{array}$$

**⑮**
$$\begin{array}{r} 4.9\,5 \\ \times\ \ \ \ \ 2 \\ \hline \end{array}$$

🐾 소수의 곱셈을 하세요.

**①**
```
    0.6
×   1 4
```

**②**
```
    0.8
×   4 2
```

**③**
```
    1.3
×   5 6
```

**④**
```
    3.7
×   1 9
```

**⑤**
```
    2.4
×   2 5
```

**⑥**
```
    6.2
×   1 5
```

**⑦**
```
   0.0 4
×    6 3
```

**⑧**
```
   0.1 7
×    2 3
```

**⑨**
```
   1.0 9
×    3 2
```

**⑩**
```
   5.2 8
×    1 4
```

**⑪**
```
   4.7 5
×    1 2
```

곱해지는 소수의
소수점 아래 자리 수에
맞춰 답에도 소수점을 콕!

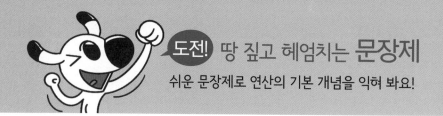
🐾 다음 문장을 읽고 문제를 풀어 보세요.

① 길이가 0.6 m인 색 테이프 4개를 겹치지 않게 이어 붙이려고 합니다. 이어 붙인 색 테이프의 길이는 몇 m일까요?

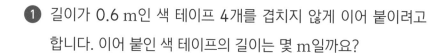

_____

② 1.5 L의 주스 3개를 큰 병에 모두 담으면 주스는 모두 몇 L가 될까요?

_____

③ 한 권의 무게가 0.27 kg인 책 5권의 무게는 모두 몇 kg일까요?

_____

④ 철사로 한 변의 길이가 1.32 m인 정사각형을 만들려고 합니다. 필요한 철사는 모두 몇 m일까요?

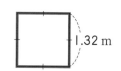

_____

⑤ 한 상자의 무게가 7.5 kg인 배 12상자의 무게는 모두 몇 kg일까요?

_____

# 곱해지는 수와 곱하는 수를 바꿔도 괜찮아

## ✪ (자연수)×(소수)의 계산

자연수의 곱셈과 같은 방법으로 계산한 다음 곱하는 소수의 소수점과 같은 위치에
곱의 소수점을 찍습니다.

$$24 \times 0.3 \longrightarrow$$

|   | 2 | 4 |
|---|---|---|
| × |   | 3 |
|   | 7 | 2 |

자연수의 곱셈처럼 계산하고

$$\longrightarrow$$

|   | 2 | 4 |
|---|---|---|
| × | 0.| 3 |
|   | 7.| 2 |

소수점을 콕!

## ✪ 두 수의 순서를 바꾸어 곱하기

곱해지는 수와 곱하는 수의 순서를 서로 바꾸어 곱해도 [1] 곱 은 변하지 않습니다.

$$24 \times 0.3 = 0.3 \times 24 \longrightarrow$$

|   | 0.| 3 |
|---|---|---|
| × | 2 | 4 |
|   | 1 | 2 |
| 6 |   |   |
|   | 7.| 2 |

24×0.3과 곱이 같아요.

중등에서 배우게 될
'교환법칙'이에요.

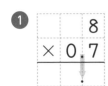

$$\begin{array}{r} 8 \\ \times 0.24 \end{array} \Rightarrow \begin{array}{r} 0.24 \\ \times \quad 8 \end{array}$$

곱셈에서 두 수의 순서를 바꾸어 곱해도 결과는 같다는 사실을 알고 있죠?
두 수의 순서를 바꾸는 게 편하면 바꿔서 계산해요.

🐾 소수의 곱셈을 하세요.

**1**
$$\begin{array}{r} 8 \\ \times 0.7 \end{array}$$

**2**
$$\begin{array}{r} 3 \\ \times 0.9 \end{array}$$

**3**
$$\begin{array}{r} 4 \\ \times 0.6 \end{array}$$

**4**
$$\begin{array}{r} 7 \\ \times 0.4 \end{array}$$

**5**
$$\begin{array}{r} 9 \\ \times 0.6 \end{array}$$

**6**
$$\begin{array}{r} 3 \\ \times 0.2 \end{array}$$

**7**
$$\begin{array}{r} 2 \\ \times 0.19 \end{array}$$

**8**
$$\begin{array}{r} 6 \\ \times 0.52 \end{array}$$

**9**
$$\begin{array}{r} 4 \\ \times 0.88 \end{array}$$

**10**
$$\begin{array}{r} 9 \\ \times 0.92 \end{array}$$

**11**
$$\begin{array}{r} 8 \\ \times 0.13 \end{array}$$

**12**
$$\begin{array}{r} 6 \\ \times 0.34 \end{array}$$

**13**
$$\begin{array}{r} 5 \\ \times 0.18 \end{array}$$

**14**
$$\begin{array}{r} 2 \\ \times 0.75 \end{array}$$

**15**
$$\begin{array}{r} 4 \\ \times 0.25 \end{array}$$

🐾 소수의 곱셈을 하세요.

**1**
$$\begin{array}{r} 4 \\ \times\ 1.3 \\ \hline \end{array}$$

**2**
$$\begin{array}{r} 6 \\ \times\ 4.7 \\ \hline \end{array}$$

**3**
$$\begin{array}{r} 9 \\ \times\ 2.4 \\ \hline \end{array}$$

**4**
$$\begin{array}{r} 7 \\ \times\ 3.6 \\ \hline \end{array}$$

**5**
$$\begin{array}{r} 5 \\ \times\ 6.5 \\ \hline \end{array}$$

**6**
$$\begin{array}{r} 8 \\ \times\ 4.9 \\ \hline \end{array}$$

**7**
$$\begin{array}{r} 2 \\ \times\ 3.1\ 7 \\ \hline \end{array}$$

**8**
$$\begin{array}{r} 9 \\ \times\ 2.1\ 2 \\ \hline \end{array}$$

**9**
$$\begin{array}{r} 3 \\ \times\ 5.0\ 9 \\ \hline \end{array}$$

**10**
$$\begin{array}{r} 4 \\ \times\ 8.2\ 8 \\ \hline \end{array}$$

**11**
$$\begin{array}{r} 7 \\ \times\ 1.6\ 4 \\ \hline \end{array}$$

**12**
$$\begin{array}{r} 5 \\ \times\ 4.4\ 1 \\ \hline \end{array}$$

**13**
$$\begin{array}{r} 2 \\ \times\ 1.2\ 5 \\ \hline \end{array}$$

**14**
$$\begin{array}{r} 5 \\ \times\ 3.1\ 4 \\ \hline \end{array}$$

**15**
$$\begin{array}{r} 8 \\ \times\ 7.0\ 5 \\ \hline \end{array}$$

🐾 소수의 곱셈을 하세요.

**①**
$$\begin{array}{r} 1\,2 \\ \times\, 0.4 \\ \hline \end{array}$$

**②**
$$\begin{array}{r} 7\,3 \\ \times\, 0.8 \\ \hline \end{array}$$

**③**
$$\begin{array}{r} 3\,2 \\ \times\, 0.5 \\ \hline \end{array}$$

**④**
$$\begin{array}{r} 2\,8 \\ \times\, 4.3 \\ \hline \end{array}$$

**⑤**
$$\begin{array}{r} 4\,6 \\ \times\, 1.8 \\ \hline \end{array}$$

**⑥**
$$\begin{array}{r} 6\,9 \\ \times\, 2.6 \\ \hline \end{array}$$

**⑦**
$$\begin{array}{r} 1\,8 \\ \times\, 0.17 \\ \hline \end{array}$$

**⑧**
$$\begin{array}{r} 1\,7 \\ \times\, 0.94 \\ \hline \end{array}$$

**⑨**
$$\begin{array}{r} 6\,5 \\ \times\, 0.46 \\ \hline \end{array}$$

**⑩**
$$\begin{array}{r} 8\,4 \\ \times\, 1.53 \\ \hline \end{array}$$

**⑪**
$$\begin{array}{r} 2\,5 \\ \times\, 2.64 \\ \hline \end{array}$$

곱의 소수점 위치의 기준은 나야.

나랑 계산할 때만 그런 거야~.

🐾 다음 문장을 읽고 문제를 풀어 보세요.

❶ 가로가 3 m, 세로가 0.8 m인 직사각형의 넓이는 몇 m²일까요?

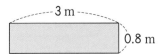

_____

❷ 현아는 일주일 동안 매일 8.5 km씩 뛰었습니다. 현아가 일주일 동안 뛴 거리는 모두 몇 km일까요?

_____

❸ 지유의 몸무게는 42 kg이고, 아버지의 몸무게는 지유 몸무게의 1.8배라고 합니다. 아버지의 몸무게는 몇 kg일까요?

_____

❹ 우유를 재호는 345 mL 마셨고, 민지는 재호의 0.68배를 마셨습니다. 민지가 마신 우유는 몇 mL일까요?

_____

❷ 일주일은 7일이에요.

❸ (▲의 ● 배)＝▲ × ●

# 07 소수점. 왼쪽은 0.1배, 오른쪽은 10배

☆ 소수의 10배, 자연수의 0.1배

$4.27 \times 1 = 4.27$

$4.27 \times 10 = 42.7$
0이 1개

$4.27 \times 100 = 427.$
0이 2개

곱하는 수의 0의 개수만큼
곱의 소수점을 오른쪽으로 이동합니다.

$4 \times 1 = 4$

$4 \times 0.1 = 0.4$
소수 한 자리 수

$4 \times 0.01 = 0.04$
소수 두 자리 수

곱하는 수의 소수점 아래 자리 수만큼
곱의 소수점을 왼쪽으로 이동합니다.

☆ 곱의 소수점의 위치

$2.43 \times 2 = 4.86$

$24.3 \times 2 = 48.6$

$243 \times 2 = 486.$

곱해지는 수의 소수점이 오른쪽으로 1칸,
2칸 이동하면 곱의 소수점도 오른쪽으로
1칸, 2칸 이동합니다.

$4 \times 8 = 32$

$4 \times 0.8 = 3.2$

$4 \times 0.08 = 0.32$

곱하는 수의 소수점이 왼쪽으로 1칸, 2칸
이동하면 곱의 소수점도 왼쪽으로 1칸, 2칸
이동합니다.

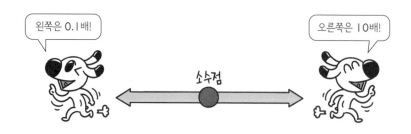

왼쪽은 0.1배!

소수점

오른쪽은 10배!

소수에 10, 100, 1000을 곱한 값은 소수에서 곱하는 수의 0의 개수만큼
소수점을 오른쪽으로 이동한 값과 같아요.

🐾 소수의 곱셈을 하세요.

❶ 2.915×10=
   2.915×100=
   2.915×1000=

❷ 0.407×10=
   0.407×100=
   0.407×1000=

❸ 3.026×10=
   3.026×100=
   3.026×1000=

❹ 0.18×10=
   0.18×100=
   0.18×1000=

❺ 5.32×10=

❻ 0.96×10=

❼ 3.075×1000=

❽ 2.4×100=

🐾 ☐ 안에 알맞은 수를 써넣으세요.

❾ 0.3×☐=3
   0.3×☐=30
   0.3×☐=300

❿ 0.52×☐=5.2
   0.52×☐=520
   0.52×☐=52

⓫ 7.264×☐=726.4

⓬ ☐×1000=20

⓭ ☐×10=8.03

⓮ ☐×100=1.4

⓯ ☐×1000=56

⓰ ☐×100=73

자연수에 0.1, 0.01, 0.001을 곱한 값은 자연수에서 곱하는 수의 소수점 아래 자리 수만큼 소수점을 왼쪽으로 이동한 값과 같아요.

🐾 소수의 곱셈을 하세요.

**1** $704 \times 0.1 =$

$704 \times 0.01 =$

$704 \times 0.001 =$

**2** $582 \times 0.1 =$

$582 \times 0.01 =$

$582 \times 0.001 =$

**3** $63 \times 0.1 =$

$63 \times 0.01 =$

$63 \times 0.001 =$

**4** $90 \times 0.1 =$

$90 \times 0.01 =$

$90 \times 0.001 =$

**5** $56 \times 0.1 =$

**6** $812 \times 0.01 =$

**7** $49 \times 0.001 =$

**8** $70 \times 0.01 =$

🐾 ☐ 안에 알맞은 수를 써넣으세요.

**9** $136 \times \boxed{\phantom{000}} = 13.6$

$136 \times \boxed{\phantom{000}} = 1.36$

$136 \times \boxed{\phantom{000}} = 0.136$

**10** $4500 \times \boxed{\phantom{000}} = 45$

$4500 \times \boxed{\phantom{000}} = 4.5$

$4500 \times \boxed{\phantom{000}} = 450$

**11** $23 \times \boxed{\phantom{000}} = 2.3$

$23 \times \boxed{\phantom{000}} = 0.23$

$23 \times \boxed{\phantom{000}} = 0.023$

**12** $50 \times \boxed{\phantom{000}} = 5$

$50 \times \boxed{\phantom{000}} = 0.5$

$50 \times \boxed{\phantom{000}} = 0.05$

**13** $\boxed{\phantom{000}} \times 0.001 = 6.18$

**14** $\boxed{\phantom{000}} \times 0.01 = 0.17$

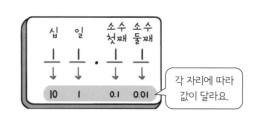

| 십 | 일 | 소수 첫째 | 소수 둘째 |
|---|---|---|---|
| ↓ | ↓ | ↓ | ↓ |
| 10 | 1 | 0.1 | 0.01 |

각 자리에 따라 값이 달라요.

곱해지는 수가 같을 때 곱하는 수가 0.1배가 되면 곱도 0.1배가 되고,
곱하는 수가 10배가 되면 곱도 10배가 돼요.

🐾 주어진 곱셈식을 보고 계산하세요.

**1** $32 \times 26 = 832$

$32 \times 2.6 =$
$32 \times 0.26 =$
$32 \times 0.026 =$

**2** $24 \times 49 = 1176$

$24 \times 4.9 =$
$24 \times 0.49 =$
$24 \times 0.049 =$

**3** $23 \times 36 = 828$

$23 \times 3.6 =$
$23 \times 0.36 =$
$23 \times 0.036 =$

**4** $45 \times 16 = 720$

$45 \times 1.6 =$
$45 \times 0.16 =$
$45 \times 0.016 =$

**5** $13 \times 25 = 325$

$1.3 \times 25 =$
$0.13 \times 25 =$
$0.013 \times 25 =$

**6** $14 \times 29 = 406$

$1.4 \times 29 =$
$0.14 \times 29 =$
$0.014 \times 29 =$

**7** $38 \times 27 = 1026$

$38 \times 0.27 =$
$0.38 \times 27 =$
$38 \times 2.7 =$
$0.038 \times 27 =$

**8** $128 \times 45 = 5760$

$128 \times 4.5 =$
$1.28 \times 45 =$
$128 \times 0.45 =$
$0.128 \times 45 =$

🐾 다음 문장을 읽고 문제를 풀어 보세요.

**1** 7×23=161일 때 7의 0.23배는 얼마일까요?

_____

**2** 0.09×13=1.17일 때 0.9의 13배는 얼마일까요?

_____

**3** 가로가 17.84 m인 직사각형의 넓이가 178.4 m²라면 세로는 몇 m일까요?

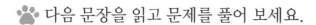

17.84 m

넓이: 178.4 m²

_____

**4** 나무 막대의 길이는 9.8 cm이고, 철사의 길이는 나무 막대의 길이의 1000배입니다. 철사의 길이는 몇 m일까요?

_____

속닥속닥

**3** (직사각형의 넓이)=(가로)×(세로)를 이용해서 식을 세우고, 소수점이 오른쪽으로 몇 칸 이동했는지 알아봐요.

**4** 철사의 길이를 cm 단위로 구한 다음 m 단위로 나타내요.

# 소수점은 소수점 아래 자리 수의 합에 콕!

## ☆ (소수)×(소수)에서 곱의 소수점의 위치

$$0.1 \times 1 = 0.1$$
①자리 ⟶ ①자리

$$0.1 \times 0.1 = 0.01$$
①자리 + ①자리 ⟶ ②자리

$$0.01 \times 0.1 = 0.001$$
②자리 + ①자리 ⟶ ③자리

곱의 소수점 아래 자리 수는

곱하는 두 수의 소수점 아래 자리 수의 $^1$ ☐ 과 같습니다.

## ☆ (소수)×(소수)의 계산

자연수의 곱셈과 같은 방법으로 계산한 다음 곱하는 두 수의 소수점 아래 자리 수의 합에 맞춰 소수점을 찍습니다.

$3.5 \times 2.7$ ⟶

|   | 3 | 5 |
|---|---|---|
| × | 2 | 7 |
| 9 | 4 | 5 |

자연수의 곱셈처럼 계산하고

⟶

|   | 3 . | 5 |
|---|-----|---|
| × | 2 . | 7 |
| 9 . | 4 | 5 |

①자리
+
①자리
↓
②자리

곱하는 두 수의 소수점 아래 자리 수의 합에 맞춰 소수점을 콕!

### 앗! 실수

• 소수점을 그대로 내려 찍으면 안 돼요.

| 틀린 계산 | 바른 계산 |
|---|---|

틀린 계산

|   | 1 . | 7 |
|---|-----|---|
| × | 2 . | 3 |
| 3 . | 9 . | 1 |

바른 계산

|   | 1 . | 7 |
|---|-----|---|
| × | 2 . | 3 |
| 3 . | 9 | 1 |

①자리
+
①자리
↓
②자리

• 소수점을 먼저 찍고, 0을 지워요.

틀린 계산

|   | 0 . | 5 |
|---|-----|---|
| × | 0 . | 8 |
| 0 | 0 | 4 | ∅ |

바른 계산

|   | 0 . | 5 |
|---|-----|---|
| × | 0 . | 8 |
| 0 . | 4 | ∅ |

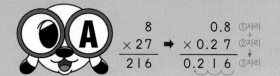

$$\begin{array}{r} 8 \\ \times 27 \\ \hline 216 \end{array}$$ ➡ $$\begin{array}{r} 0.8 \\ \times 0.27 \\ \hline 0.216 \end{array}$$ ①자리 + ②자리 ↓ ③자리

자연수의 곱셈처럼 계산하고,
소수점 아래 자리 수의 합으로 곱의 소수점을 찍어요.

## 🐾 소수의 곱셈을 하세요.

**1**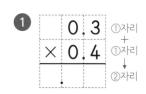

**2**
$$\begin{array}{r} 0.5 \\ \times\ 0.7 \\ \hline \end{array}$$

**3**
$$\begin{array}{r} 0.8 \\ \times\ 0.6 \\ \hline \end{array}$$

**4**
$$\begin{array}{r} 0.03 \\ \times\ \ \ 0.7 \\ \hline \end{array}$$

소수점 아래 자리 중
값이 없는 자리는 0을 써요.

**5**
$$\begin{array}{r} 0.09 \\ \times\ \ \ 0.8 \\ \hline \end{array}$$

**6**
$$\begin{array}{r} 0.12 \\ \times\ \ \ 0.5 \\ \hline \end{array}$$

**7**
$$\begin{array}{r} 0.53 \\ \times\ \ \ 0.6 \\ \hline \end{array}$$

**8**
$$\begin{array}{r} 0.27 \\ \times\ \ \ 0.8 \\ \hline \end{array}$$

**9**
$$\begin{array}{r} 0.49 \\ \times\ \ \ 0.2 \\ \hline \end{array}$$

**10**
$$\begin{array}{r} 0.86 \\ \times\ \ \ 0.5 \\ \hline \end{array}$$

**11**
$$\begin{array}{r} 0.18 \\ \times\ \ \ 0.7 \\ \hline \end{array}$$

**12**
$$\begin{array}{r} 0.36 \\ \times\ \ \ 0.4 \\ \hline \end{array}$$

**13**
$$\begin{array}{r} 0.49 \\ \times\ \ \ 0.3 \\ \hline \end{array}$$

**14**
$$\begin{array}{r} 0.74 \\ \times\ \ \ 0.9 \\ \hline \end{array}$$

**15**
$$\begin{array}{r} 0.92 \\ \times\ \ \ 0.8 \\ \hline \end{array}$$

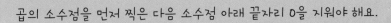
🐾 소수의 곱셈을 하세요.

① 
```
  1.3
× 2.4
```

② 
```
  5.3
× 1.2
```

③ 
```
  3.5
× 1.6
```

④ 
```
  6.2
× 2.7
```

⑤ 
```
  3.2
× 8.5
```

⑥ 
```
  4.8
× 9.6
```

⑦ 
```
  7.9
× 6.4
```

⑧ 
```
  8.2
× 9.3
```

⑨ 
```
  6.5
× 3.4
```

⑩ 
```
  9.4
× 6.5
```

⑪ 
```
  3.8
× 9.5
```

⑫ 
```
  8.9
× 4.5
```

 곱하는 두 수의 자리 수가 늘어날수록 계산 실수가 많아져요.
받아올림한 수를 작게 써 가면서 계산 실수를 줄여 보세요.

🐾 소수의 곱셈을 하세요.

**1**
```
    2.0 6
×   1.9
```

**2**
```
    1.9 2
×   3.8
```

 곱하는 두 수의 소수점 아래
자리 수의 합을 꼭 기억해요.

**3**
```
    1.1 2
×   3.9
```

**4**
```
    7.4
× 2.2 5
```

**5**
```
    7.3
× 4.1 5
```

**6**
```
    8.7
× 3.4 6
```

**7**
```
    2.0 9
× 0.1 7
```

**8**
```
    2.5 4
× 0.6 3
```

**9**
```
    6.2 5
× 0.1 4
```

**10**
```
    2.3 6
× 0.1 5
```

**11**
```
    1.3 5
× 0.5 8
```

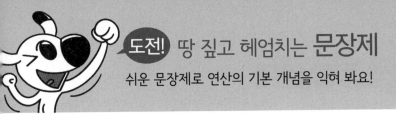
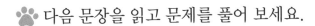다음 문장을 읽고 문제를 풀어 보세요.

① 가로가 0.8 m, 세로가 1.32 m인 직사각형의 넓이는 몇 m²일
까요?

0.8 m
1.32 m

_____

② 준기가 태어났을 때의 몸무게는 3.4 kg이었는데 현재 준기의
몸무게는 태어났을 때의 몸무게의 2.75배가 되었습니다. 현재
준기의 몸무게는 몇 kg일까요?

_____

③ 1 m에 2.6 kg인 일정한 굵기의 막대 3.87 m의 무게는 몇 kg
일까요?

_____

④ 1 L의 휘발유로 11.4 km를 달리는 트럭이 휘발유 3.5 L로는
몇 km를 달릴 수 있을까요?

_____

⑤ 1분 동안 0.002 km를 일정한 빠르기로 달리는 장난감 자동
차가 1.8분 동안 달리는 거리는 몇 m일까요?

_____

🐾 소수의 곱셈을 하세요.

① 　0.1 7
　×　　 2

② 　0.7
　×0.5

③ 　3.2 5
　×　　 7

④ 　3.7
　×0.4

⑤ 　0.5 9
　×　　 4

⑥ 　0.2
　×1.6

⑦ 　　　3
　×0.5 9

⑧ 　2.3
　×　 8

⑨ 　　1 7
　×0.0 5

⑩ 　0.8
　×1.7

⑪ 　7.4
　×　 3

⑫ 　4.7
　×0.9

소수의 곱셈에서 곱의 소수점의 위치는
곱하는 두 수의 소수점 아래 자리 수로 정해져요.
소수점 아래 끝자리에 0이 올 때를 주의하며 소수점을 콕! 찍어 계산해 봐요.

🐾 소수의 곱셈을 하세요.

**1**
$$
\begin{array}{r}
1.8 \\
\times \quad 3 \\
\hline
\end{array}
$$

**2**
$$
\begin{array}{r}
3.4 \\
\times \ 0.6 \\
\hline
\end{array}
$$

**3**
$$
\begin{array}{r}
2.0\,5 \\
\times \quad 4 \\
\hline
\end{array}
$$

**4**
$$
\begin{array}{r}
2.9 \\
\times \ 0.4 \\
\hline
\end{array}
$$

**5**
$$
\begin{array}{r}
2 \\
\times \ 1.4 \\
\hline
\end{array}
$$

**6**
$$
\begin{array}{r}
7.5 \\
\times \quad 7 \\
\hline
\end{array}
$$

**7**
$$
\begin{array}{r}
8.8 \\
\times \quad 6 \\
\hline
\end{array}
$$

**8**
$$
\begin{array}{r}
6.9 \\
\times \quad 5 \\
\hline
\end{array}
$$

**9**
$$
\begin{array}{r}
7 \\
\times \ 5.3 \\
\hline
\end{array}
$$

**10**
$$
\begin{array}{r}
9 \\
\times \ 5.2\,7 \\
\hline
\end{array}
$$

**11**
$$
\begin{array}{r}
6.3\,2 \\
\times \quad 6 \\
\hline
\end{array}
$$

**12**
$$
\begin{array}{r}
0.4\,6 \\
\times \ 0.5 \\
\hline
\end{array}
$$

🐾 소수의 곱셈을 하세요.

①      I 5
   × 6. I

②      5.5
   × 7.3

③    0.6 I
   ×   I.8

④      2.4
   × I.9

⑤      4.5
   × I.6

⑥    0.3 9
   ×   4.6

⑦      6.2
   × 3.8

⑧      5.6
   × 7.4

⑨      2.8
   × 0.3 4

⑩    0.6 3
   ×   I.2

⑪    0.5 7
   ×   4.3

⑫    0.7 2
   ×   I.5

🐾 토끼가 뜀뛰기를 하며 소수의 곱셈을 하고 있습니다. 빈칸에 알맞은 수를 써넣으세요.

1

2

3

🐾 곱셈식의 답이 적힌 길을 따라가다 도착하는 마지막 곱셈식의 답이 보물 상자의 비밀 번호입니다. 따라간 길을 표시하고, ☐ 안에 비밀번호를 써넣으세요.

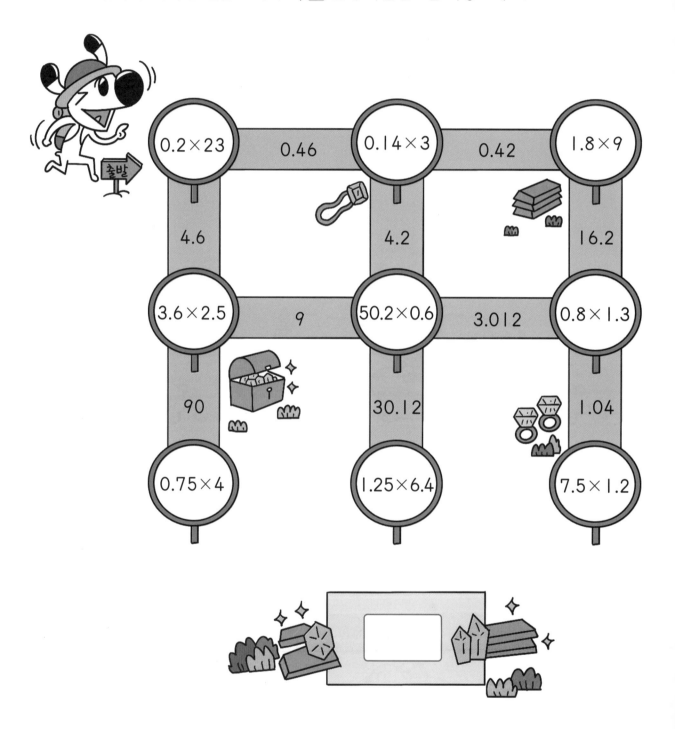

# 셋째 마당

## 소수의 나눗셈

소수의 나눗셈에서 중요한 부분은 몫과 나머지의 소수점의 위치, 그리고 나누어떨어지지 않는 나눗셈의 몫을 표현하는 방법 등이 있어요. 복잡하더라도 자연수의 나눗셈을 열심히 연습했다면 어렵지 않을 거예요.

| 공부할 내용! | 완료 | 10일 진도 | 20일 진도 |
|---|---|---|---|
| **10** 몫의 소수점의 위치는 나누어지는 수와 같아 | ☐ | 4일차 | 6일차 |
| **11** 몫이 1보다 작으면 일의 자리에 0을 써 | ☐ | | 7일차 |
| **12** 소수점 아래 끝자리 0을 끝없이 붙일 수 있어 | ☐ | | 8일차 |
| **13** 자리에 맞춰 나눌 수 없으면 0을 기억해 | ☐ | 5일차 | 9일차 |
| **14** 자연수도 소수점을 찍고, 0을 내려 계산해 | ☐ | | 10일차 |
| **15** 소수점을 똑같이 이동하면 몫은 그대로 | ☐ | 6일차 | 11일차 |
| **16** 나누는 수를 자연수로 만들어야 편해 | ☐ | | 12일차 |
| **17** 몫의 소수점은 바뀌어도 나머지의 소수점은 그대로 | ☐ | 7일차 | 13일차 |
| **18** 나누어떨어지지 않아도 몫을 나타낼 수 있어 | ☐ | | 14일차 |
| **19** 소수의 나눗셈 종합 문제 | ☐ | 8일차 | 15일차 |

# 10 몫의 소수점의 위치는 나누어지는 수와 같아

## ☆ 나누어지는 수와 몫의 관계

(소수)÷(자연수)의 계산에서 몫의 소수점의 위치는 ¹[          ]의 소수점의 위치와 같습니다.

$$24 \div 2 = 12$$
$$\downarrow \times 0.1 \qquad \downarrow \times 0.1$$
$$2.4 \div 2 = 1.2$$

나누는 수가 같을 때
나누어지는 수가 0.1배가 되면
몫도 0.1배가 돼요.

## ☆ (소수)÷(자연수)의 계산

자연수의 나눗셈과 같은 방법으로 계산한 다음 나누어지는 수의 소수점의 위치에 맞춰 ²[   ]의 소수점을 찍습니다.

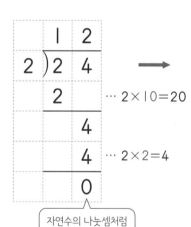

```
      1  2
  2 ) 2  4
      2        … 2×10=20
      4
      4        … 2×2=4
      0
```

자연수의 나눗셈처럼
계산하고

→

```
      1 . 2
  2 ) 2   4
      2        … 2×1=2
      4
      4        … 2×0.2=0.4
      0
```

몫의 소수점은 나누어지는 수의
소수점과 같은 위치에 콕!

### 앗! 실수

• 소수의 나눗셈에서 몫을 쓰는 위치에 주의해요.

틀린 계산
```
     3 4 . 3 □
 4 ) 1 3 . 7 2
```

1을 4로 나눌 수 없는데
몫을 십의 자리부터 써서
몫의 소수 둘째 자리가 비어 있어요.

→

바른 계산
```
       3 . 4 3
 4 ) 1 3 . 7 2
```

몫을 일의 자리부터
소수 둘째 자리까지
모두 바르게 나타냈어요.

🐾 소수의 나눗셈을 하세요.

**1** $3{\overline{\smash{)}}\,3.6}$

**2** $2{\overline{\smash{)}}\,2.8}$

**3** $4{\overline{\smash{)}}\,8.4}$

**4** $2{\overline{\smash{)}}\,3.2}$

**5** $3{\overline{\smash{)}}\,4.5}$

**6** $7{\overline{\smash{)}}\,9.1}$

**7** $4{\overline{\smash{)}}\,5.2}$

**8** $2{\overline{\smash{)}}\,5.8}$

**9** $3{\overline{\smash{)}}\,7.2}$

**10** $5{\overline{\smash{)}}\,16.5}$

**11** $6{\overline{\smash{)}}\,43.8}$

**12** $7{\overline{\smash{)}}\,39.9}$

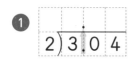
🐾 소수의 나눗셈을 하세요.

**①**

$$2 \overline{)3.04}$$

**②**

$$3 \overline{)7.02}$$

**③**

$$4 \overline{)7.36}$$

**④**

$$5 \overline{)6.15}$$

**⑤**

$$2 \overline{)9.74}$$

**⑥**

$$3 \overline{)6.57}$$

**⑦**

$$6 \overline{)7.08}$$

**⑧**

$$4 \overline{)6.68}$$

**⑨**

$$7 \overline{)16.38}$$

**⑩**

$$8 \overline{)9.44}$$

**⑪**

$$9 \overline{)14.13}$$

**⑫**

$$4 \overline{)34.08}$$

 일단 나누어지는 수를 자연수로 생각해서 계산한 다음
나누어지는 수의 소수점의 위치에 맞춰 몫에 소수점을 찍으면 완성!

🐾 소수의 나눗셈을 하세요.

**①**
$7\overline{)66.5}$

**②**
$9\overline{)59.4}$

**③**
$12\overline{)69.6}$

**④**
$11\overline{)37.4}$

**⑤**
$13\overline{)19.5}$

**⑥**
$15\overline{)37.5}$

**⑦**
$9\overline{)46.71}$

**⑧**
$4\overline{)34.08}$

**⑨**
$7\overline{)15.05}$

**⑩**
$8\overline{)26.24}$

**⑪**
$12\overline{)49.56}$

소수점의 기준은 바로 나!
소수예요.

🐾 다음 문장을 읽고 문제를 풀어 보세요.

**1** 둘레가 5.6 m인 정사각형의 한 변의 길이는 몇 m일까요?

———————————

**2** 길이가 7.5 m인 종이테이프를 똑같이 5도막으로 잘랐습니다. 잘린 종이테이프 한 도막의 길이는 몇 m입니까?

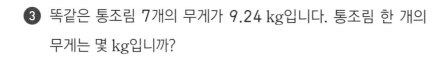

———————————

**3** 똑같은 통조림 7개의 무게가 9.24 kg입니다. 통조림 한 개의 무게는 몇 kg입니까?

———————————

**4** 쌀 11.44 kg을 4봉지에 똑같이 나누어 담으면 한 봉지에 들어 있는 쌀은 몇 kg일까요?

———————————

**5** 수아의 몸무게는 32 kg이고, 민호의 몸무게는 40.64 kg입니다. 민호의 몸무게는 수아의 몸무게의 몇 배일까요?

———————————

 숙덕숙덕

**5** ㉮는 ㉯의 몇 배인지 구할 때 ㉮÷㉯로 구해요.

# 11 몫이 1보다 작으면 일의 자리에 0을 써

## ☆ 몫이 1보다 작은 (소수)÷(자연수)의 계산

나누어지는 수가 나누는 수보다 작으면 몫의 일의 자리에 $^1$☐을 쓰고,

소수점을 찍은 다음 자연수의 나눗셈과 같은 방법으로 계산합니다.

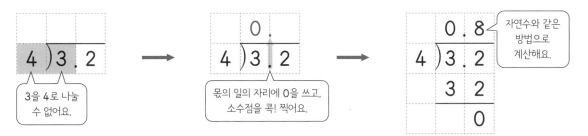

3을 4로 나눌 수 없어요.

몫의 일의 자리에 0을 쓰고, 소수점을 콕! 찍어요.

자연수와 같은 방법으로 계산해요.

( ☐ ÷ ☐ )의 몫 < 1

나누어지는 수 < 나누는 수

몫의 일의 자리가 0이 되어 버렸네!

답을 잘못 구한 걸까?

마지막에 확인해 봐~.

 앗! 실수

• 몫을 바르게 썼는지 꼭 확인해요.

$$\begin{array}{r} \times\!\!\!\!7 \phantom{.0} \\ 6\overline{)4.2} \\ 4\,2 \\ \hline 0 \end{array}$$

몫의 위치를 잘못 썼어요.

$$\begin{array}{r} \times.7 \\ 6\overline{)4.2} \\ 4\,2 \\ \hline 0 \end{array}$$

몫의 일의 자리를 쓰지 않았어요.

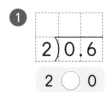

🐾 소수의 나눗셈을 하세요.

**1** 
$$2\overline{)0.6}$$
2 ◯ 0

**2** 
$$3\overline{)1.8}$$
3 ◯ 1

**3** 
$$4\overline{)2.8}$$
4 ◯ 2

**4** 
$$5\overline{)3.5}$$

**5** 
$$6\overline{)5.4}$$

**6** 
$$8\overline{)7.2}$$

**7** 
$$11\overline{)2.2}$$

**8** 
$$12\overline{)9.6}$$

**9** 
$$17\overline{)5.1}$$

**10** 
$$15\overline{)10.5}$$

**11** 
$$21\overline{)6.3}$$

**12** 
$$23\overline{)20.7}$$

나누어지는 수와 나누는 수의 크기를 잘못 비교하면 몫의 자연수 부분이 달라질 수도 있어요. 실수하지 않도록 주의해요.

🐾 소수의 나눗셈을 하세요.

**①** $2\overline{)0.38}$

**②** $3\overline{)0.81}$

**③** $4\overline{)0.92}$

**④** $6\overline{)0.78}$

**⑤** $8\overline{)1.28}$

**⑥** $9\overline{)2.79}$

**⑦** $7\overline{)1.68}$

**⑧** $5\overline{)1.15}$

**⑨** $3\overline{)2.07}$

**⑩** $11\overline{)2.86}$

**⑪** $12\overline{)6.96}$

**⑫** $15\overline{)12.45}$

🐾 소수의 나눗셈을 하세요.

① $13\overline{)2.6}$

② $16\overline{)9.6}$

③ $12\overline{)10.8}$

④ $17\overline{)6.8}$

⑤ $21\overline{)10.5}$

⑥ $23\overline{)13.8}$

⑦ $27\overline{)22.95}$

⑧ $36\overline{)6.84}$

⑨ $45\overline{)13.05}$

⑩ $51\overline{)41.82}$

⑪ $72\overline{)35.28}$

몫이 1보다 작다는 것은
몫의 일의 자리 숫자가 0이라는 것!

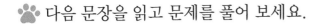

## 도전! 땅 짚고 헤엄치는 문장제

쉬운 문장제로 연산의 기본 개념을 익혀 봐요!

🐾 다음 문장을 읽고 문제를 풀어 보세요.

**1** 2.5 L의 식혜를 5명이 똑같이 나누어 마셨습니다. 한 사람이 마신 식혜는 몇 L일까요?

_____

**2** 평행사변형의 넓이가 3.6 m²이고, 밑변이 4 m일 때 높이는 몇 m일까요?

_____

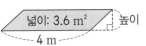

**3** 길이가 3.84 m인 털실을 똑같이 4도막으로 자를 때 한 도막의 길이는 몇 m일까요?

_____

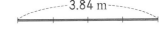

**4** 14.25 L의 약수를 15개의 물통에 똑같이 나누어 담으려고 합니다. 물통 한 개에 들어 있는 약수는 몇 L일까요?

_____

**5** 밀가루 8.16 kg으로 모양과 크기가 똑같은 빵 12개를 만들었습니다. 빵 1개를 만드는 데 사용한 밀가루는 몇 kg일까요?

_____

**2** (평행사변형의 넓이) = (밑변) × (높이)
➡ (높이) = (평행사변형의 넓이) ÷ (밑변)

# 12 소수점 아래 끝자리 0을 끝없이 붙일 수 있어

## ☆ 소수점 아래 끝자리의 0을 내려 계산하기

소수점 아래 끝자리에 0을 붙여도 그 수의 크기가 변하지 않으므로 나누어떨어지지

않으면 소수점 아래 끝자리의 $^1\boxed{\phantom{0}}$을 내려 계산합니다.

나누어떨어지지 않으면?
0을 내려 계산해요.

나머지가 0이 아니면
더 나눌 수 있다는 거예요.

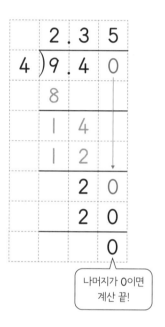

나머지가 0이면
계산 끝!

계산할 때 0은 한 번만
내릴 수 있는 거야?

아니! 소수점 아래 끝자리에 0을
계속 붙여 쓸 수 있는 것처럼
계산할 때도 0을 계속 내릴 수 있어.

나눗셈에서 나머지가 있으면 나누어지는 수의 소수점 아래 끝자리의 0을 내려 쓰면서
나누어떨어질 때까지 나눗셈을 해요.

## 나누어떨어질 때까지 소수의 나눗셈을 하세요.

❶ $6\overline{)7.50}$

❷ $2\overline{)6.70}$

❸ $5\overline{)8.60}$

❹ $2\overline{)8.3}$

❺ $6\overline{)10.5}$

❻ $5\overline{)19.7}$

❼ $6\overline{)22.5}$

❽ $4\overline{)24.6}$

❾ $8\overline{)42.8}$

❿ $12\overline{)19.8}$

⓫ $14\overline{)34.3}$

⓬ $16\overline{)69.6}$

 나누어지는 수가 소수 한 자리 수여도 몫은 소수 두 자리 수가 될 수 있어요.

🐾 나누어떨어질 때까지 소수의 나눗셈을 하세요.

① 5$\overline{)12.2}$

② 6$\overline{)14.1}$

③ 8$\overline{)12.4}$

④ 6$\overline{)13.5}$

⑤ 4$\overline{)29.8}$

⑥ 5$\overline{)35.6}$

⑦ 2$\overline{)1.9}$

⑧ 4$\overline{)1.8}$

⑨ 8$\overline{)7.6}$

⑩ 14$\overline{)38.5}$

⑪ 15$\overline{)32.1}$

⑫ 16$\overline{)93.6}$

나누어지는 수의 소수점 아래 끝자리의 0을 내려 계산해도
몫의 소수점은 나누어지는 수의 소수점과 같은 위치에 콕! 찍는 것을 기억해요.

🐾 나누어떨어질 때까지 소수의 나눗셈을 하세요.

**①**  $12\,)\overline{37.8}$

**②**  $15\,)\overline{41.4}$

**③**  $16\,)\overline{31.2}$

**④**  $15\,)\overline{49.8}$

**⑤**  $18\,)\overline{67.5}$

**⑥**  $22\,)\overline{31.9}$

**⑦**  $18\,)\overline{4.5}$

**⑧**  $26\,)\overline{22.1}$

**⑨**  $22\,)\overline{20.9}$

**⑩**  $26\,)\overline{84.5}$

**⑪**  $34\,)\overline{42.5}$

보이지 않는 나의 꼬리예요.

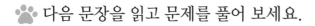

🐾 다음 문장을 읽고 문제를 풀어 보세요.

**1** 길이가 23.8 cm인 색 테이프를 5등분 하였습니다. 잘린 색 테이프 한 도막의 길이는 몇 cm일까요?

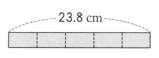

_____

**2** 16.2 L의 올리브유를 12개의 병에 똑같이 나누어 담았습니다. 한 병에 담긴 올리브유는 몇 L일까요?

_____

**3** 모양과 크기가 같은 과자 5봉지의 무게는 3.7 kg입니다. 과자 한 봉지의 무게는 몇 kg일까요?

_____

**4** 일정하게 물이 나오는 수도에서 8분 동안 42.8 L의 물이 나왔습니다. 이 수도에서 1분 동안 나온 물은 몇 L일까요?

_____

# 13 자리에 맞춰 나눌 수 없으면 0을 기억해

☆ 몫의 소수 첫째 자리 숫자가 0인 (소수)÷(자연수)의 계산

소수 첫째 자리 계산에서 나눌 수 없으면

❶ 몫의 소수 첫째 자리에 $^1\boxed{\phantom{0}}$을 씁니다.

❷ <u>소수 둘째 자리의 0을 내려 계산합니다.</u>
  └ 소수점 아래 끝자리에는 0을 붙일 수 있어요.

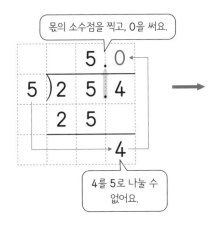

몫의 소수점을 찍고, 0을 써요.

4를 5로 나눌 수 없어요.

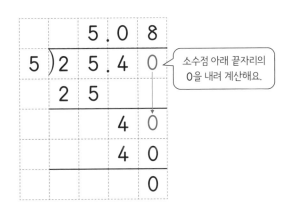

소수점 아래 끝자리의 0을 내려 계산해요.

앗! 실수

• 몫에 0을 쓰지 않으면 값이 달라져요!

틀린 계산

4÷5의 몫이 8이 되어 잘못 계산했어요.

바른 계산

5>4이므로 몫에 0을 써요.

🐾 소수의 나눗셈을 하세요. (단, 나누어떨어지지 않으면 나누어떨어질 때까지 계산하세요.)

① 2 ) 2.10

② 5 ) 15.30

자리에 맞춰
나눌 수 없으면 0!!

③ 8 ) 8.4

④ 6 ) 18.3

⑤ 4 ) 16.2

⑥ 6 ) 30.18

⑦ 8 ) 8.72

⑧ 5 ) 25.35

⑨ 3 ) 21.27

⑩ 7 ) 14.42

⑪ 4 ) 12.24

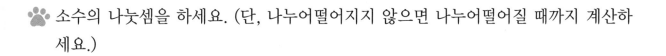

🐾 소수의 나눗셈을 하세요. (단, 나누어떨어지지 않으면 나누어떨어질 때까지 계산하세요.)

① 8 ) 8.4

② 4 ) 28.2

③ 5 ) 40.3

④ 2 ) 18.08

⑤ 5 ) 5.35

⑥ 8 ) 48.72

⑦ 2 ) 16.12

⑧ 8 ) 32.56

⑨ 5 ) 30.45

⑩ 3 ) 21.15

⑪ 7 ) 14.42

⑫ 9 ) 9.27

소수의 나눗셈을 하세요.

① $11 \overline{)\ 44.99}$

② $12 \overline{)\ 36.84}$

③ $14 \overline{)\ 56.84}$

④ $15 \overline{)\ 91.05}$

⑤ $16 \overline{)\ 48.64}$

⑥ $18 \overline{)\ 36.54}$

⑦ $2 \overline{)\ 2.208}$

⑧ $3 \overline{)\ 4.206}$

⑨ $6 \overline{)\ 15.042}$

⑩ $4 \overline{)\ 8.012}$

⑪ $7 \overline{)\ 2.842}$

일의 자리에서 나눌 수 없어서 나를 썼고,

소수 둘째 자리에서 나눌 수 없어서 나를 썼어요.

0.102

🐾 다음 문장을 읽고 문제를 풀어 보세요.

**1** 둘레가 96.24 m인 정사각형의 한 변의 길이는 몇 m일까요?

(둘레)=96.24 m

_____

**2** 리본 30.54 m를 6명이 똑같이 나누어 가지려고 할 때 한 명이 가지게 되는 리본은 몇 m일까요?

_____

**3** 밀가루 224.7 g을 사용하여 모양과 크기가 같은 쿠키 14개를 만들었습니다. 쿠키 한 개를 만드는 데 사용한 밀가루는 몇 g일까요?

_____

**4** 주희네 가족은 쌀 16.05 kg을 15일 동안 일정한 양으로 나누어 먹었습니다. 주희네 가족은 하루에 쌀을 몇 kg씩 먹었을까요?

_____

쏙닥쏙닥

**1** 정사각형은 네 변의 길이가 모두 같아요.

# 14 자연수도 소수점을 찍고, 0을 내려 계산해

## ☆ 몫이 소수인 (자연수)÷(자연수)의 계산

자연수의 나눗셈에서도 몫이 나누어떨어지지 않으면 나누어지는 수의 오른쪽 끝에 <sup>1</sup>[　　　]을 찍고, <sup>2</sup>[　]을 내려 계산합니다.

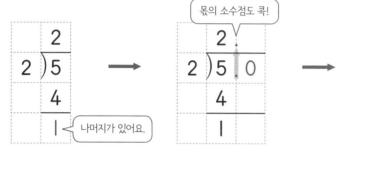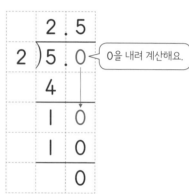

## ☆ 몫이 1보다 작은 (자연수)÷(자연수)의 계산

나누어지는 수가 나누는 수보다 작으면 몫의 일의 자리에 <sup>3</sup>[　]을 쓰고, 소수점을 찍은 다음 0을 내려 계산합니다.

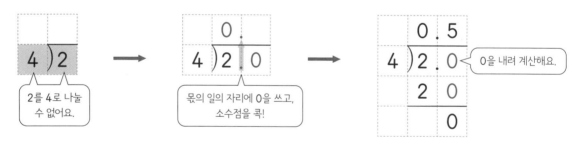

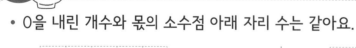

• 0을 내린 개수와 몫의 소수점 아래 자리 수는 같아요.

자연수의 나눗셈을 할 때 나누어떨어지지 않으면
나누어지는 수의 오른쪽 끝에 소수점을 찍고, 0을 내려 계산해요.

🐾 나누어떨어질 때까지 나눗셈을 하세요.

① $5 \overline{)6}$

② $8 \overline{)12}$

③ $4 \overline{)30}$

④ $16 \overline{)40}$

⑤ $15 \overline{)42}$

⑥ $18 \overline{)27}$

⑦ $30 \overline{)54}$

⑧ $26 \overline{)91}$

⑨ $22 \overline{)33}$

⑩ $35 \overline{)63}$

⑪ $18 \overline{)135}$

⑫ $55 \overline{)264}$

×0.1

18 → 1.8

5 ) 90　　5 ) 9

×0.1

➡ 나누어지는 수가 0.1배 되면 몫도 0.1배가 돼요.

나누어떨어질 때까지 나눗셈을 하세요.

❶ 4 ) 11

❷ 8 ) 34

자연수 2 = 2.0 소수

❸ 8 ) 54

❹ 12 ) 15

❺ 16 ) 12

❻ 20 ) 35

❼ 32 ) 24

❽ 24 ) 30

❾ 25 ) 48

❿ 12 ) 27

⓫ 16 ) 100

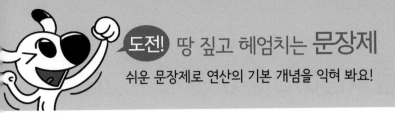
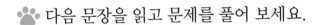
🐾 다음 문장을 읽고 문제를 풀어 보세요.

❶ 세로가 5 cm인 직사각형의 넓이가 11 cm²일 때 가로는 몇 cm일까요?

_____

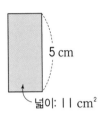

5 cm

↳ 넓이: 11 cm²

❷ 리본 테이프 33 m를 똑같이 12도막으로 잘랐습니다. 잘린 리본 테이프 한 도막의 길이는 몇 m일까요?

_____

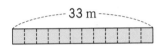

33 m

❸ 무게가 같은 멜론 5개의 무게가 14 kg입니다. 멜론 한 개의 무게는 몇 kg일까요?

_____

❹ 쇠고기 9 kg을 똑같이 4도막으로 잘랐습니다. 잘린 쇠고기 한 도막의 무게는 몇 kg일까요?

_____

❺ 똑같은 탁구공 25개의 무게는 15 g입니다. 탁구공 한 개의 무게는 몇 g일까요?

_____

속닥속닥

❺ 탁구공 한 개의 무게를 25÷15로 구하면 잘못된 계산이에요.
  ➡ (탁구공 한 개의 무게)=(탁구공 25개의 무게)÷25

# 15 소수점을 똑같이 이동하면 몫은 그대로

☆ **나누어지는 수, 나누는 수와 몫의 관계**

$$12 \div 6 = 2$$
$$\downarrow \times 0.1 \quad \downarrow \times 0.1$$
$$1.2 \div 0.6 = 2$$

나누어지는 수와 나누는 수에 같은 수를 곱하면
$^1\boxed{\phantom{0}}$은 변하지 않습니다.

> 그럼 나누어지는 수와
> 나누는 수에 각각 10을 곱하면?

> 그래도
> 몫은 변하지 않아.

☆ **자릿수가 같은 (소수)÷(소수)의 계산**

나누는 수가 $^2\boxed{\phantom{0}}$가 되도록 두 수에 10 또는 100을 곱해 자연수의 나눗셈으로
만들어 계산합니다.

$$0.2\,)\overline{3.4} \quad \longrightarrow$$
$$\times 10 \quad \times 10$$

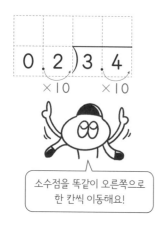

> 소수점을 똑같이 오른쪽으로
> 한 칸씩 이동해요!

```
      1 7
2 ) 3 4
    2
    1 4
    1 4
      0
```

> 자연수의 나눗셈을 해요.

🐾 소수의 나눗셈을 하세요.

❶ $0.2 \overline{)3.2}$

❷ $0.8 \overline{)12.8}$

❸ $0.5 \overline{)21.5}$

❹ $0.6 \overline{)8.4}$

❺ $0.9 \overline{)12.6}$

❻ $0.7 \overline{)32.2}$

❼ $1.2 \overline{)7.2}$

❽ $1.8 \overline{)3.6}$

❾ $1.3 \overline{)9.1}$

❿ $28.8 \div 3.6 =$

⓫ $31.2 \div 2.4 =$

⓬ $45.9 \div 2.7 =$

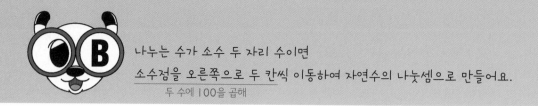

🐾 소수의 나눗셈을 하세요.

① $0.04\overline{)1.52}$

② $0.06\overline{)2.88}$

③ $0.07\overline{)2.24}$

④ $0.12\overline{)1.08}$

⑤ $0.15\overline{)1.05}$

⑥ $0.17\overline{)1.02}$

⑦ $0.23\overline{)1.38}$

⑧ $0.25\overline{)2.25}$

⑨ $0.35\overline{)5.25}$

⑩ $10.15 \div 1.45 =$

⑪ $9.78 \div 1.63 =$

⑫ $8.36 \div 2.09 =$

🐾 소수의 나눗셈을 하세요.

① 0.7)9.1

② 1.7)20.4

나는 그대로예요.

우리 똑같이 소수점을
이동하면~.

③ 3.2)44.8

④ 2.3)82.8

⑤ 2.4)45.6

⑥ 0.24)6.72

⑦ 0.66)7.92

⑧ 0.53)24.91

⑨ 75.13÷6.83=

⑩ 72.24÷5.16=

⑪ 99.84÷3.84=

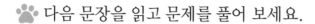

🐾 다음 문장을 읽고 문제를 풀어 보세요.

❶ 10.5 L의 물을 화분 한 개에 0.7 L씩 준다면 몇 개의 화분에 물을 줄 수 있을까요?

_____

❷ 26.6 m의 끈을 3.8 m씩 자르면 끈은 모두 몇 도막이 될까요?

_____

❸ 29.44 km²의 밭에 무를 심으려고 합니다. 하루에 3.68 km²의 밭에 무를 심는다면 며칠 동안 무를 심어야 할까요?

_____

❹ 노란색 끈이 20.8 m, 빨간색 끈이 5.2 m가 있습니다. 노란색 끈의 길이는 빨간색 끈의 길이의 몇 배일까요?

_____

속닥속닥

❹ ●가 ▲의 몇 배인지는 ●÷▲로 알 수 있어요.

# 16 나누는 수를 자연수로 만들어야 편해

## ☆ 자릿수가 다른 (소수)÷(소수)의 계산

❶ <sup>1</sup>[　　　　]가 자연수가 되도록 두 수에 10 또는 100을 곱해 계산합니다.

❷ <sup>2</sup>[　]의 소수점의 위치는 나누어지는 수의 옮겨진 소수점의 위치와 같습니다.

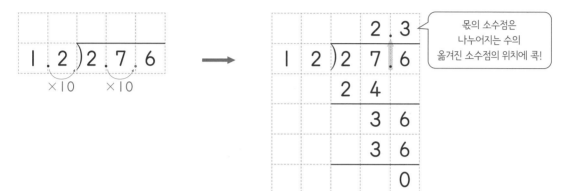

몫의 소수점은 나누어지는 수의 옮겨진 소수점의 위치에 콕!

나를 자연수로 만들어야 계산이 편해져요!

나누는 수

몫의 소수점은 나의 새로운 소수점을 확인해서 찍어요!

나누어지는 수

바빠 꿀팁!

• (자연수)÷(소수)도 나누는 수를 자연수로 만들어 계산해요.

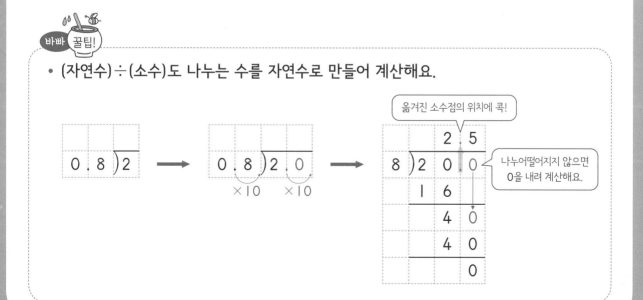

옮겨진 소수점의 위치에 콕!

나누어떨어지지 않으면 0을 내려 계산해요.

🐾 소수의 나눗셈을 하세요.

① 
$$0.9 \overline{)\ 2.34}$$

② 
$$1.1 \overline{)\ 3.74}$$

③ 
$$1.2 \overline{)\ 5.16}$$

④ 
$$1.4 \overline{)\ 1.96}$$

⑤ 
$$1.8 \overline{)\ 4.32}$$

⑥ 
$$1.9 \overline{)\ 4.37}$$

⑦ 
$$1.2 \overline{)\ 5.52}$$

⑧ 
$$2.6 \overline{)\ 8.06}$$

⑨ 
$$2.7 \overline{)\ 14.04}$$

⑩ $15.75 \div 4.5 =$

⑪ $16.25 \div 6.5 =$

⑫ $74.62 \div 8.2 =$

🐾 소수의 나눗셈을 하세요.

**①**  $0.2\underset{\smile\smile}{3} \overline{)\ 0.3\underset{\smile\smile}{2\ 2}}$

**②**  $0.27 \overline{)\ 1.836}$

**③**  $0.43 \overline{)\ 1.505}$

**④**  $0.48 \overline{)\ 4.416}$

**⑤**  $0.53 \overline{)\ 2.279}$

**⑥**  $0.57 \overline{)\ 1.653}$

**⑦**  $1.56 \overline{)\ 2.652}$

**⑧**  $1.35 \overline{)\ 8.775}$

**⑨**  $1.92 \overline{)\ 12.864}$

**⑩** $15.892 \div 2.74 =$

**⑪** $12.207 \div 3.13 =$

**⑫** $8.463 \div 4.03 =$

🐾 소수의 나눗셈을 해 보세요.

**①** $0.2\overline{)1.0}$

**②** $0.6\overline{)9}$

**③** $1.4\overline{)7}$

**④** $0.4\overline{)5}$

**⑤** $0.8\overline{)6}$

**⑥** $1.2\overline{)3}$

**⑦** $40.3\overline{)84.63}$

**⑧** $83.6\overline{)133.76}$

**⑨** $90.8\overline{)308.72}$

**⑩** $1.72\overline{)8.256}$

**⑪** $3.75\overline{)4.875}$

계산이 복잡하지만
많이 연습한 만큼
실력이 쑥쑥!
늘어났을 거예요.

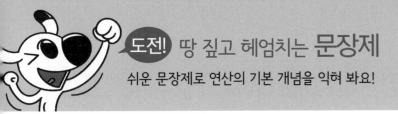
🐾 다음 문장을 읽고 문제를 풀어 보세요.

① 넓이가 28.81 m²인 직사각형의 세로가 6.7 m이면 가로는 몇 m일까요?

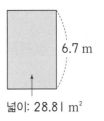

6.7 m

넓이: 28.81 m²

_____

② 길이가 1.809 m인 색 테이프를 0.27 m씩 자르면 잘린 색 테이프 한 도막의 길이는 몇 m일까요?

_____

③ 수박 한 개의 무게는 7.912 kg이고, 사과 한 개의 무게는 0.43 kg입니다. 수박의 무게는 사과의 무게의 몇 배입니까?

_____

④ 현지네 집에서 박물관까지의 거리는 63.42 km이고, 놀이동산까지의 거리는 45.3 km입니다. 현지네 집에서 박물관까지의 거리는 놀이동산까지의 거리의 몇 배일까요?

63.42 km

박물관

45.3 km

놀이동산

집

_____

# 몫의 소수점은 바뀌어도 나머지의 소수점은 그대로

## ✫ 소수의 나눗셈의 몫과 나머지

❶ 소수점을 옮겨 몫을 구합니다.

❷ $^1$[　]의 소수점은 나누어지는 수의 **옮겨진 소수점**과 같은 위치에 찍습니다.

❸ $^2$[　　]의 소수점은 나누어지는 수의 **처음 소수점**과 같은 위치에 찍습니다.

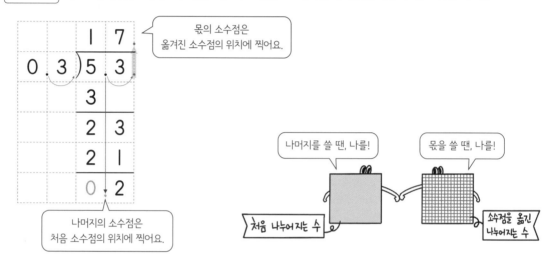

몫의 소수점은 옮겨진 소수점의 위치에 찍어요.

나머지의 소수점은 처음 소수점의 위치에 찍어요.

나머지를 쓸 땐, 나를!

처음 나누어지는 수

몫을 쓸 땐, 나를!

소수점을 옮긴 나누어지는 수

➡ 5.3÷0.3의 몫을 **자연수 부분**까지 구하면 몫은 17이고, 나머지는 0.2입니다.

몫과 나머지가 바르게 구해졌을까?

확인할 수 있는 식이 있지!

5.3÷0.3=17 … 0.2

확인 0.3×17 + 0.2=5.3

 몫의 소수점은 옮겨진 소수점의 위치에 찍고, 나머지의 소수점은 처음 소수점의 위치에 찍어요.

🐾 나눗셈의 몫을 자연수 부분까지 구하고, 나머지를 구하세요.

**1**

$0.4 \overline{)\ 1.7\ }$

**2**

$0.6 \overline{)\ 5.6\ }$

**3**

$0.8 \overline{)\ 6.7\ }$

**4**

$0.5 \overline{)\ 6.7\ }$

**5**

$1.2 \overline{)\ 7.8\ }$

**6**

$0.8 \overline{)\ 17.9\ }$

**7**

$1.6 \overline{)\ 5.1\ }$

**8**

$1.8 \overline{)\ 11.5\ }$

**9**

$2.3 \overline{)\ 16.9\ }$

**10**

$2.4 \overline{)\ 10.3\ }$

**11**

$2.5 \overline{)\ 21.3\ }$

**12**

$2.7 \overline{)\ 14.6\ }$

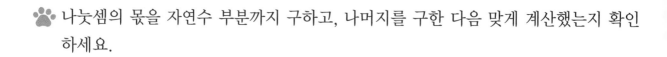

소수의 나눗셈에서 몫과 나머지를 바르게 잘 구했는지
(나누는 수)×(몫)+(나머지)=(나누어지는 수)의 식으로 확인해요.

🐾 나눗셈의 몫을 자연수 부분까지 구하고, 나머지를 구한 다음 맞게 계산했는지 확인
하세요.

**①**
$$3.2 \overline{)25.8}$$

확인

_____

**②**
$$4.5 \overline{)91.2}$$

확인

_____

**③**
$$5.2 \overline{)17.2}$$

확인

_____

**④**
$$9.4 \overline{)150.7}$$

확인

_____

**⑤**
$$4.6 \overline{)173.4}$$

확인

_____

**⑥**
$$8.7 \overline{)220.6}$$

확인

_____

**⑦**
$$4.12 \overline{)12.39}$$

확인

_____

**⑧**
$$6.08 \overline{)24.39}$$

확인

_____

**⑨**
$$7.35 \overline{)66.19}$$

확인

_____

🐾 나눗셈의 몫을 자연수 부분까지 구하고, 나머지를 구하세요.

**①**

$$475 \div 59 = 8 \cdots 3$$

$47.5 \div 5.9 = \boxed{\phantom{0}} \cdots \boxed{\phantom{0}}$

$4.75 \div 0.59 = \boxed{\phantom{0}} \cdots \boxed{\phantom{0}}$

$0.475 \div 0.059 = \boxed{\phantom{0}} \cdots \boxed{\phantom{0}}$

$$518 \div 43 = 12 \cdots 2$$

$51.8 \div 4.3 = \boxed{\phantom{0}} \cdots \boxed{\phantom{0}}$

$5.18 \div 0.43 = \boxed{\phantom{0}} \cdots \boxed{\phantom{0}}$

$0.518 \div 0.043 = \boxed{\phantom{0}} \cdots \boxed{\phantom{0}}$

➡ 나누어지는 수와 나누는 수에 같은 수를 곱하면 몫은 (커집니다, 같습니다).

**②**

$$79 \div 6 = 13 \cdots 1$$

$7.9 \div 6 = \boxed{\phantom{0}} \cdots \boxed{\phantom{0}}$

$7.9 \div 0.6 = \boxed{\phantom{0}} \cdots \boxed{\phantom{0}}$

$7.9 \div 0.06 = \boxed{\phantom{0}} \cdots \boxed{\phantom{0}}$

$$205 \div 3 = 68 \cdots 1$$

$20.5 \div 3 = \boxed{\phantom{0}} \cdots \boxed{\phantom{0}}$

$20.5 \div 0.3 = \boxed{\phantom{0}} \cdots \boxed{\phantom{0}}$

$20.5 \div 0.03 = \boxed{\phantom{0}} \cdots \boxed{\phantom{0}}$

➡ 나누어지는 수가 같을 때 나누는 수가 작아지면 몫은 (커집니다, 작아집니다).

**③**

$$5530 \div 1.3 = 4253 \cdots 1.1$$

$553 \div 1.3 = \boxed{\phantom{0}} \cdots \boxed{\phantom{0}}$

$55.3 \div 1.3 = \boxed{\phantom{0}} \cdots \boxed{\phantom{0}}$

$5.53 \div 1.3 = \boxed{\phantom{0}} \cdots \boxed{\phantom{0}}$

$$5210 \div 2.8 = 1860 \cdots 2$$

$521 \div 2.8 = \boxed{\phantom{0}} \cdots \boxed{\phantom{0}}$

$52.1 \div 2.8 = \boxed{\phantom{0}} \cdots \boxed{\phantom{0}}$

$5.21 \div 2.8 = \boxed{\phantom{0}} \cdots \boxed{\phantom{0}}$

➡ 나누는 수가 같을 때 나누어지는 수가 작아지면 몫은 (커집니다, 작아집니다).

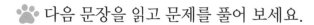

🐾 다음 문장을 읽고 문제를 풀어 보세요.

**1** 4.2 L의 간장을 0.9 L 들이의 병에 똑같이 나누어 담으려고 합니다. 몇 개의 병에 담고, 몇 L가 남을까요?

_____, _____

**2** 딸기 3.8 kg을 0.7 kg씩 작은 상자에 나누어 담으면 작은 상자는 몇 개가 필요하고, 몇 kg이 남을까요?

_____, _____

**3** 귀걸이 한 개를 만드는 데 은 4.7 g이 필요하다고 합니다. 은 38.2 g으로는 귀걸이를 몇 개까지 만들고, 몇 g이 남을까요?

_____, _____

**4** 선물 상자 한 개를 포장하는 데 0.52 m의 리본끈이 필요합니다. 리본끈 3.84 m로는 선물 상자를 몇 개까지 포장하고, 몇 m가 남을까요?

_____, _____

## 18 나누어떨어지지 않아도 몫을 나타낼 수 있어

### ☆ 몫을 어림하여 나타내기

나누어떨어지지 않는 나눗셈의 몫은 반올림하여 나타낼 수 있습니다.

$$11 \div 7 = 1.571428\cdots\cdots$$

> 몫이 끝없이 계속돼요.

- 몫을 반올림하여 일의 자리까지 나타내면    $1.5\cdots\cdots$   ➡ 2
  올림

- 몫을 반올림하여 소수 첫째 자리까지 나타내면 $1.57\cdots\cdots$ ➡ 1.6
  올림

- 몫을 반올림하여 소수 둘째 자리까지 나타내면 $1.571\cdots\cdots$ ➡ 1.57
  버림

> 반올림을 어떻게 했더라?

> 나타내려는 자리의 바로 아래 자리 숫자가 5 이상이면 올림하고, 5 미만이면 내림해!

### ☆ 몫의 소수점 아래 자리의 숫자가 반복되는 나눗셈

반복되는 숫자를 찾아 소수점 아래 ■번째 자리의 숫자를 예상할 수 있습니다.

$$15 \div 11 = 1.36363636\cdots\cdots$$

> 몫의 소수점 아래 첫째 자리에서부터 3, 6이 반복돼요.

- 몫의 소수점 아래 홀수 번째 자리의 숫자:[1] ☐
- 몫의 소수점 아래 짝수 번째 자리의 숫자:[2] ☐

🐾 나눗셈을 하고, 몫을 반올림하여 소수 첫째 자리까지 나타내세요.

**1**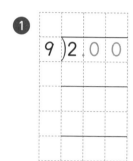

➡ (          )

**2** $9\overline{)5}$  ➡ (          )

**3** $7\overline{)8}$  ➡ (          )

**4** $9\overline{)13}$  ➡ (          )

**5** $7\overline{)6}$  ➡ (          )

**6** $3\overline{)17}$  ➡ (          )

**7** $7\overline{)19}$  ➡ (          )

**8** $6\overline{)22}$  ➡ (          )

🐾 나눗셈을 하고, 몫을 반올림하여 ❶ 일의 자리, ❷ 소수 첫째 자리까지 나타내세요.

❶

$21\overline{)54}$

❶ (                    )
❷ (                    )

❷

$22\overline{)49}$

❶ (                    )
❷ (                    )

❸

$24\overline{)61}$

❶ (                    )
❷ (                    )

❹

$14\overline{)118}$

❶ (                    )
❷ (                    )

❺

$23\overline{)180}$

❶ (                    )
❷ (                    )

❻

$27\overline{)200}$

❶ (                    )
❷ (                    )

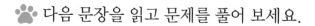

🐾 다음 문장을 읽고 문제를 풀어 보세요.

① 49÷9의 몫을 반올림하여 소수 둘째 자리까지 나타내세요.

_____

② 7÷11의 몫의 소수점 아래 10번째 자리의 숫자는 얼마일까요?

_____

③ 무게가 9 kg인 철판을 똑같이 54조각으로 나누면 한 조각의 무게는 약 몇 kg인지 반올림하여 소수 첫째 자리까지 나타내세요.

약 _____

④ 주스 3.4L를 7명이 똑같이 나누어 마시려고 합니다. 한 명이 약 몇 L씩 마시면 되는지 반올림하여 소수 둘째 자리까지 나타내세요.

약 _____

숙닥숙닥

② 몫의 소수점 아래 자리에서 반복되는 숫자를 찾아요.

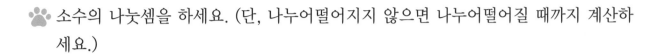

## 소수의 나눗셈 종합 문제

섞어 연습하기

🐾 소수의 나눗셈을 하세요. (단, 나누어떨어지지 않으면 나누어떨어질 때까지 계산하세요.)

① $2\overline{)5.2}$

② $4\overline{)1.6}$

③ $4\overline{)27.32}$

④ $3\overline{)41.28}$

⑤ $2\overline{)57.5}$

⑥ $8\overline{)0.96}$

⑦ $6\overline{)2.58}$

⑧ $9\overline{)7.38}$

⑨ $5\overline{)2.92}$

⑩ $6\overline{)9}$

⑪ $5\overline{)4}$

⑫ $12\overline{)6}$

⑬ $14.42 \div 14 =$

⑭ $36.6 \div 12 =$

⑮ $6.18 \div 3 =$

🐾 소수의 나눗셈을 하세요.

① 0.7 ) 3.5

② 0.6 ) 4.2

③ 0.9 ) 20.7

④ 1.4 ) 16.8

⑤ 0.7 ) 9.1

⑥ 0.02 ) 4.62

⑦ 0.13 ) 2.34

⑧ 0.8 ) 51.2

⑨ 0.23 ) 0.92

⑩ 1.15 ) 5.75

⑪ 2.9 ) 20.3

⑫ 2.64 ) 29.04

소수의 나눗셈을 하세요. (단, 나누어떨어지지 않으면 몫을 반올림하여 소수 둘째 자리까지 나타내세요.)

① 1.8 ) 2.88

② 3.8 ) 19.76

③ 0.4 ) 6

④ 8.2 ) 41

⑤ 1.45 ) 11.6

⑥ 0.5 ) 1.15

⑦ 4.7 ) 16.45

⑧ 6.4 ) 96

⑨ 0.9 ) 0.918

⑩ 11 ) 25.6

⑪ 9 ) 36.7

⑫ 17 ) 50.1

나눗셈의 몫이 적힌 길을 따라가면 이글루에 도착합니다. 빠독이가 이글루에 가는 길을 표시해 보세요.

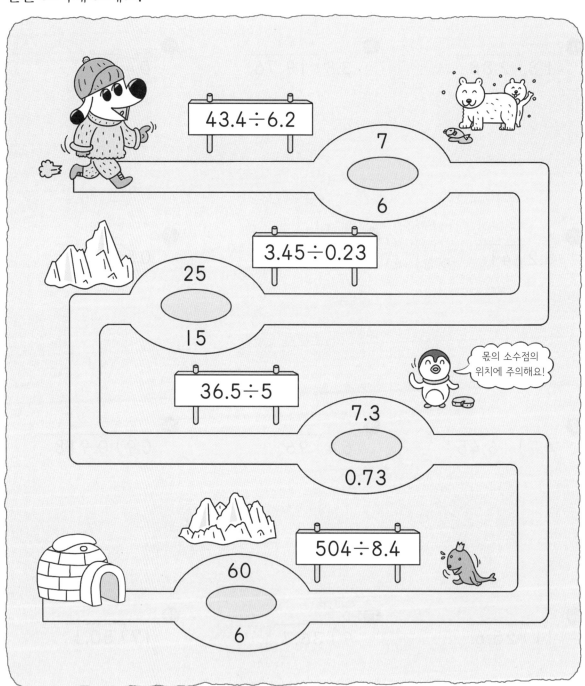

🐾 동물들이 숨바꼭질을 하고 있습니다. 사자, 여우, 곰이 숨은 곳에 알맞은 나눗셈의 몫을 ☐ 안에 써넣으세요.

# 왜 같은 '0'인데도 어떤 때는 '공', 어떤 때는 '영'으로 읽는 걸까요?

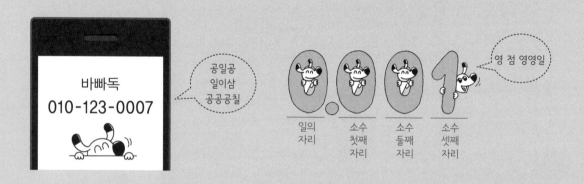

바빠독
010-123-0007

공일공
일이삼
공공공칠

영 점 영영일

| 일의 자리 | 소수 첫째 자리 | 소수 둘째 자리 | 소수 셋째 자리 |

위 숫자를 한 번 읽어 보세요.

전화번호는 '공일공-일이삼-공공공칠'로 읽고, 소수는 '영 점 영영일'이라고 읽었죠?

왜 같은 '0'인데도 어떤 때는 '공', 어떤 때는 '영'으로 읽는 걸까요?

그건 0이 단순히 수를 나타내는 숫자로

자릿값을 갖고 있지 않을 때는 '없는 상태'를 의미하는 '공'으로 읽고,

수의 양을 나타내는 숫자로 자릿값을 갖고 있을 때는 '영'이라고 읽어야 하기 때문이에요.

전화번호 010-123-0007에서 0은 자릿값을 갖고 있지 않은 수이므로 '공'이라고 읽지만,

소수 0.001에서 0은 자릿값을 갖는 수이므로 '영'이라고 읽어요.

우리가 무심코 읽었던 숫자 '0'에도 이런 원리가 숨어 있답니다.

# 넷째 마당

# 분수와 소수의 혼합 계산

분수와 소수는 한 가족이에요. 분수와 소수가 섞여 있는 식은 계산하기 쉬운 형태로 바꾸는 게 가장 큰 핵심이에요. 자연수의 혼합 계산과 순서가 똑같은 분수와 소수의 혼합 계산을 연습하며 분수의 계산과 소수의 계산을 최종 점검해 봐요!

| | 공부할 내용! | 완료 | 10일 진도 | 20일 진도 |
|---|---|---|---|---|
| 20 | 분모가 10, 100……인 분수로 소수를 나타내 | ☐ | | 16일차 |
| 21 | 분수와 소수가 섞여 있으면 하나로 통일해 | ☐ | 9일차 | 17일차 |
| 22 | 나누어떨어지지 않을 땐, 소수를 분수로 바꿔 | ☐ | | 18일차 |
| 23 | 자연수의 혼합 계산 순서를 기억하며 풀자 | ☐ | 10일차 | 19일차 |
| 24 | 분수와 소수의 혼합 계산 종합 문제 | ☐ | | 20일차 |

$$\frac{1}{10}=0.\underline{1} \qquad \frac{1}{100}=0.0\underline{1} \qquad \frac{1}{1000}=0.00\underline{1}$$

## ☆ 분수를 소수로 나타내는 방법

분수를 $^1$ ☐ 가 10, 100, 1000인 분수로 만들어 소수로 나타냅니다.

➡ $\dfrac{2}{5}=\dfrac{2\times2}{5\times2}=\dfrac{4}{10}=0.\underline{4}$

분모가 2와 5의 곱으로 이루어져 있어야
10, 100, 1000으로 나타낼 수 있어요.
$10=2\times5, 100=2\times2\times5\times5$

➡ $\dfrac{3}{4}=\dfrac{3\times25}{4\times25}=\dfrac{75}{100}=0.\underline{75}$

• 분자를 분모로 나누어 분수를 소수로 나타낼 수도 있어요.

$$\dfrac{3}{4}=3\div4 \longrightarrow \begin{array}{r} 0.75 \\ 4{\overline{\smash{\big)}\,3.00}} \\ \underline{2\,8}\phantom{0} \\ 20 \\ \underline{20} \\ 0 \end{array} \longrightarrow \dfrac{3}{4}=0.75$$

## ☆ 소수를 분수로 나타내는 방법

소수를 분모가 10, 100, 1000인 분수로 나타냅니다.

➡ $0.\underline{25}=\dfrac{25}{100}=\dfrac{1}{4}$

약분될 경우
기약분수로 나타내세요.

➡ $3.\underline{6}=3\dfrac{6}{10}=3\dfrac{3}{5}$

🐾 분수를 소수로 나타내세요.

① $\dfrac{7}{10} =$

② $2\dfrac{81}{100} =$

③ $\dfrac{517}{1000} =$

④ $4\dfrac{1}{2} =$

⑤ $2\dfrac{1}{4} =$

⑥ $1\dfrac{3}{5} =$

⑦ $\dfrac{11}{20} =$

⑧ $\dfrac{5}{8} =$

⑨ $2\dfrac{19}{25} =$

⑩ $3\dfrac{41}{50} =$

⑪ $\dfrac{11}{125} =$

⑫ $\dfrac{7}{40} =$

⑬ $1\dfrac{3}{25} =$

⑭ $\dfrac{19}{20} =$

⑮ $5\dfrac{1}{8} =$

⑯ $\dfrac{121}{250} =$

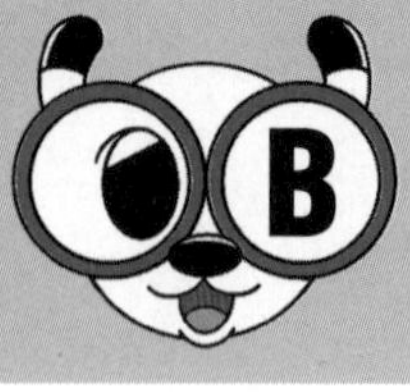

🐾 소수를 기약분수로 나타내세요.

❶ 0.2 =

❷ 0.8 =

❸ 0.5 =

❹ 1.4 =

❺ 2.6 =

❻ 3.5 =

❼ 0.02 =

❽ 0.25 =

❾ 0.58 =

❿ 0.72 =

⓫ 0.85 =

⓬ 1.65 =

⓭ 0.75 =

⓮ 5.06 =

⓯ 1.003 =

⓰ 4.002 =

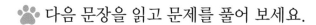

🐾 다음 문장을 읽고 문제를 풀어 보세요.

**1** 1.52를 기약분수로 나타내세요.

_____

**2** 영주네 집에서 학교까지의 거리는 $1\frac{3}{20}$ km입니다. 영주네 집에서 학교까지의 거리를 소수로 나타내세요.

_____

**3** 비가 어제는 4.82 mm 내렸고, 오늘은 $4\frac{3}{4}$ mm 내렸습니다. 어제와 오늘 중 비가 더 적게 내린 날은 언제일까요?

_____

분수 또는 소수로 나타내 비교해요.

**4** 집에서 놀이터까지의 거리는 1.3 km이고, 서점까지의 거리는 $1\frac{2}{5}$ km입니다. 놀이터와 서점 중 집에서 더 먼 곳은 어디일까요?

_____

## ☆ 분수와 소수가 섞여 있는 식 계산하기

방법1 분수를 소수로 바꿔서 계산하기

소수의 나눗셈 → 자연수의 나눗셈

$$3.6 \div \frac{2}{5} = 3.6 \div 0.4 = 36 \div 4 = \boxed{\phantom{1}}$$

분수 → 소수

방법2 소수를 분수로 바꿔서 계산하기

분수의 나눗셈 → 분수의 곱셈

$$3.6 \div \frac{2}{5} = \frac{18}{5} \div \frac{2}{5} = \frac{18}{5} \times \frac{5}{2} = \boxed{\phantom{2}}$$

소수 → 분수

분모가 같은 경우 분자끼리 나누어 몫을 구할 수도 있어요.

$$3.6 \div \frac{2}{5} = \frac{18}{5} \div \frac{2}{5} = 18 \div 2 = 9$$

바빠 꿀팁!

• 분수와 소수 중 어떤 것으로 바꿔서 계산하는 것이 더 간단할까요?

방법1 분수를 소수로 바꿔서 계산하기

$$\frac{3}{4} \div 1.2 = 0.75 \div 1.2 = 7.5 \div 12 = 0.625$$

```
        0.625
  12)7.500
      7 2
        30
        24
        60
        60
         0
```

방법2 소수를 분수로 바꿔서 계산하기

$$\frac{3}{4} \div 1.2 = \frac{3}{4} \div \frac{6}{5} = \frac{3}{4} \times \frac{5}{6} = \frac{5}{8}$$

➡ 소수를 분수로 바꿔서 계산하면 약분이 되는 경우가 많아 더 간단하게 계산할 수도 있어요.

분수를 소수로, 소수를 분수로 바꿔서 계산하는 연습을 반복하다 보면
어떤 것으로 바꿔야 계산이 더 쉬운지 빨리 찾을 수 있어요.

🐾 분수를 소수로 바꿔서 계산하세요.

❶ $3.5 \div \dfrac{1}{2} =$

❷ $3.2 \div \dfrac{4}{5} =$

❸ $7.2 \div \dfrac{9}{10} =$

❹ $4.8 \div 1\dfrac{3}{5} =$

❺ $0.5 \div 1\dfrac{1}{4} =$

❻ $2.4 \div \dfrac{3}{4} =$

❼ $1.5 \div \dfrac{1}{8} =$

❽ $3.5 \div 1\dfrac{2}{5} =$

🐾 소수를 분수로 바꿔서 계산하세요.

❾ $4.8 \div \dfrac{1}{5} =$

❿ $4.5 \div \dfrac{1}{6} =$

⓫ $4.2 \div \dfrac{6}{11} =$

⓬ $0.6 \div 2\dfrac{1}{7} =$

⓭ $1.8 \div 1\dfrac{1}{5} =$

⓮ $3.6 \div 2\dfrac{1}{4} =$

⓯ $2.8 \div 2\dfrac{1}{3} =$

⓰ $19.2 \div 2\dfrac{2}{5} =$

🐾 분수를 소수로 바꿔서 계산하세요.

**1** $\dfrac{3}{25} \div 0.6 =$　　　　　　**2** $1\dfrac{3}{5} \div 0.2 =$

**3** $1\dfrac{1}{4} \div 0.25 =$　　　　　　**4** $2\dfrac{1}{4} \div 0.75 =$

**5** $2\dfrac{7}{8} \div 0.5 =$　　　　　　**6** $1\dfrac{1}{5} \div 1.5 =$

**7** $1\dfrac{2}{5} \div 0.28 =$　　　　　　**8** $4\dfrac{1}{2} \div 2.4 =$

🐾 소수를 분수로 바꿔서 계산하세요.

**9** $\dfrac{3}{4} \div 0.2 =$　　　　　　**10** $\dfrac{3}{5} \div 0.15 =$

**11** $1\dfrac{1}{5} \div 0.8 =$　　　　　　**12** $3\dfrac{1}{2} \div 0.5 =$

**13** $2\dfrac{2}{3} \div 3.2 =$　　　　　　**14** $2\dfrac{1}{4} \div 0.3 =$

**15** $4\dfrac{1}{5} \div 1.4 =$　　　　　　**16** $1\dfrac{1}{8} \div 0.9 =$

 분수와 소수 중 계산하기 더 편리한 것으로 선택해서 계산해요.

🐾 분수를 소수로 바꾸거나 소수를 분수로 바꿔서 계산하세요.

**1** $10.5 \div 1\frac{2}{3} =$

**2** $17.5 \div 2\frac{1}{2} =$

**3** $25.5 \div 1\frac{1}{5} =$

**4** $0.65 \div \frac{5}{12} =$

**5** $0.72 \div \frac{8}{9} =$

**6** $2.25 \div 1\frac{1}{4} =$

**7** $1.25 \div 6\frac{1}{4} =$

**8** $2\frac{7}{10} \div 0.9 =$

**9** $4\frac{4}{5} \div 0.8 =$

**10** $2\frac{1}{2} \div 0.5 =$

**11** $3\frac{1}{5} \div 0.4 =$

**12** $2\frac{5}{8} \div 3.5 =$

**13** $2\frac{1}{4} \div 0.45 =$

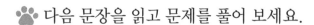

### 도전! 땅 짚고 헤엄치는 문장제

쉬운 문장제로 연산의 기본 개념을 익혀 봐요!

🐾 다음 문장을 읽고 문제를 풀어 보세요.

❶ 주스 4.2L를 친구들에게 $\frac{3}{5}$ L씩 똑같이 나누어 주려고 합니다. 몇 명에게 나누어 줄 수 있을까요?

_____

❷ 선물 한 개를 포장하는 데 0.84 m의 리본이 필요합니다. 리본 $3\frac{9}{25}$ m로는 몇 개의 선물을 포장할 수 있을까요?

_____

❸ 넓이가 4.5 m²인 직사각형의 가로가 $2\frac{1}{4}$ m이면 세로는 몇 m 일까요?

_____

❹ 전봇대의 높이는 $5\frac{1}{8}$ m이고, 가로수의 높이는 2.5 m일 때 전봇대의 높이는 가로수의 높이의 몇 배일까요?

_____

속닥속닥

❸ (세로)＝(직사각형의 넓이)÷(가로)

# 22 나누어떨어지지 않을 땐, 소수를 분수로 바꿔

## ☆ 나누어떨어지지 않는 나눗셈

방법1 분수를 소수로 바꿔서 계산하기

$$5\frac{1}{2} \div 1.4 = 5.5 \div 1.4 = 55 \div 14 = 3.9285\cdots$$

분수 → 소수

> 나눗셈의 몫이 나누어떨어지지 않으므로 몫을 정확하게 나타낼 수 없어요.

방법2 소수를 분수로 바꿔서 계산하기

$$5\frac{1}{2} \div 1.4 = 5\frac{1}{2} \div \frac{7}{5} = \frac{11}{2} \times \frac{5}{7} = \frac{55}{14} = 3\frac{13}{14}$$

소수 → 분수

> 몫을 정확하게 나타낼 수 있어요.

> 18단계에서 배운 '몫을 어림하여 나타내기' 기억하죠?

 바빠 꿀팁!

• 나누어떨어지지 않는 나눗셈의 몫을 어림하여 나타낼 수 있어요.

$$5\frac{1}{2} \div 1.4 = 3.9285\cdots$$

➡ 반올림하여 소수 첫째 자리까지 나타내면 $3.92 \to 3.9$
                               버림

➡ 반올림하여 소수 둘째 자리까지 나타내면 $3.928 \to 3.93$
                               올림

🐾 계산하세요.

❶ $1.3 \div \dfrac{1}{4} =$

❷ $2.25 \div \dfrac{1}{5} =$

❸ $4.2 \div \dfrac{3}{10} =$

❹ $4.2 \div 2\dfrac{2}{3} =$

❺ $1.5 \div \dfrac{5}{6} =$

❻ $3.2 \div 2\dfrac{2}{3} =$

❼ $9\dfrac{3}{5} \div 0.6 =$

❽ $3\dfrac{3}{4} \div 0.75 =$

❾ $\dfrac{1}{2} \div 0.25 =$

❿ $\dfrac{3}{4} \div 0.3 =$

⓫ $3\dfrac{1}{4} \div 0.5 =$

⓬ $4\dfrac{2}{5} \div 2.2 =$

⓭ $7\dfrac{1}{5} \div 2.4 =$

⓮ $4\dfrac{8}{25} \div 3.6 =$

🐾 계산하세요.

① $0.4 \div \dfrac{3}{7} =$

② $3.5 \div 1\dfrac{4}{5} =$

③ $5\dfrac{2}{5} \div 0.7 =$

④ $2\dfrac{1}{2} \div 3.25 =$

⑤ $5\dfrac{2}{3} \div 1.7 =$

⑥ $3\dfrac{1}{5} \div 0.9 =$

⑦ $2\dfrac{1}{5} \div 0.3 =$

⑧ $2\dfrac{3}{4} \div 0.3 =$

⑨ $2\dfrac{1}{6} \div 0.5 =$

⑩ $1\dfrac{4}{9} \div 0.7 =$

⑪ $6\dfrac{1}{2} \div 0.9 =$

⑫ $1\dfrac{3}{5} \div 1.4 =$

⑬ $1\dfrac{1}{5} \div 1.8 =$

⑭ $1\dfrac{5}{7} \div 1.2 =$

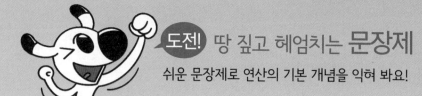

🐾 다음 문장을 읽고 문제를 풀어 보세요.

❶ 주스 $4\frac{4}{5}$ L를 한 컵에 0.4 L씩 나누어 담으려고 합니다. 몇 개의 컵이 필요할까요?

_____

❷ 노란색 실 $6\frac{1}{4}$ m와 빨간색 실 3.3 m가 있습니다. 노란색 실의 길이는 빨간색 실의 길이의 약 몇 배인지 반올림하여 소수 첫째 자리까지 나타내세요.

약 _____

❸ 사과의 무게는 귤의 무게의 2.7배입니다. 사과의 무게가 $1\frac{1}{2}$ kg이라면 귤의 무게는 약 몇 kg인지 반올림하여 소수 둘째 자리까지 나타내세요.

약 _____

❹ 꽃 한 송이를 포장하는 데 리본이 $5\frac{3}{4}$ m가 필요합니다. 리본 82.3 m로는 꽃을 몇 송이까지 포장할 수 있을까요?

_____

❹ $5\frac{3}{4}$ m보다 짧은 리본으로는 꽃을 포장할 수 없으므로 몫을 자연수 부분까지만 구해요.

# 23 자연수의 혼합 계산 순서를 기억하며 풀자

## ☆ 분수와 소수가 섞여 있는 혼합 계산식

분수와 소수의 혼합 계산식도 자연수의 혼합 계산식과 같은 순서로 계산합니다.

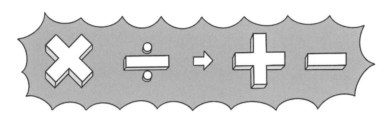

• 곱셈, 나눗셈이 섞여 있는 혼합 계산식은 앞에서부터 차례로 계산합니다.

$$4.2 \div 1\frac{1}{6} \times 1.5 = \frac{21}{5} \times \frac{6}{7} \times 1.5 = \frac{18}{5} \times \frac{3}{2} = \frac{27}{5} = 5\frac{2}{5}$$

• 뺄셈(덧셈), 곱셈(나눗셈)이 섞여 있는 혼합 계산식은 곱셈(나눗셈)을 먼저 계산합니다.

$$5.2 - 1\frac{1}{9} \times 2.7 = 5.2 - \frac{10}{9} \times \frac{27}{10} = 5.2 - 3 = 2.2$$

---

바빠 꿀팁!

• ( )가 있는 혼합 계산식의 계산 순서

가장 먼저 ( ) 안을 계산한 다음 자연수의 혼합 계산식과 같은 순서로 계산해요.

$$1\frac{1}{4} \times \left(2\frac{3}{5} - 1.2\right) = 1\frac{1}{4} \times 1.4 = \frac{5}{4} \times \frac{7}{5} = 1\frac{3}{4}$$

❶ $2\frac{3}{5} - 1.2 = 2.6 - 1.2 = 1.4$

🐾 계산하세요.

**❶** $1\dfrac{2}{5}+0.6\times\dfrac{1}{4}\div0.3=$

　　　　　①
　　　　　　　②
　　　　③

**❷** $2.5\times\dfrac{3}{5}+0.5\div\dfrac{1}{4}=$

　　①　　　②
　　　　③

**❸** $1\dfrac{4}{5}-\dfrac{8}{25}\div0.7\times1\dfrac{1}{4}=$

**❹** $3.4\times\dfrac{1}{2}-1.8\div2\dfrac{2}{5}=$

**❺** $1\dfrac{1}{6}\times4\dfrac{1}{2}\div0.3-0.5=$

**❻** $4.5\times\dfrac{2}{5}+0.8\div2\dfrac{1}{2}=$

**❼** $4.2\times\dfrac{4}{7}-\dfrac{2}{3}\div0.4=$

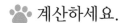

처음부터 모든 수를 분수 또는 소수로 바꾸면 더 복잡해질 수 있어요.
계산 순서대로 하나씩 편리한 형태로 바꿔서 계산해요.

🐾 계산하세요.

**1** $\dfrac{3}{4}+1.2\div1\dfrac{1}{5}\times1.8=$

　　①
　　②
　　③

**2** $0.45+1\dfrac{3}{8}\times1.6\div1\dfrac{4}{7}=$

**3** $1\dfrac{1}{2}-\dfrac{1}{3}\times0.3\div\dfrac{2}{9}=$

**4** $1.8\times\dfrac{4}{5}+3\dfrac{1}{2}\div0.7=$

**5** $1\dfrac{1}{4}-0.5\div\dfrac{5}{8}\times0.4=$

**6** $0.5+5\dfrac{1}{3}\div1.2\times1\dfrac{1}{8}=$

**7** $2\dfrac{3}{4}\div\dfrac{1}{3}-0.8\times2\dfrac{1}{2}=$

🐾 계산하세요.

**①** $2\dfrac{7}{16} \div 2.6 \times 6.4 =$

**②** $2\dfrac{7}{40} \times 1.2 \div 2.9 =$

**③** $4.4 \times 2\dfrac{1}{2} - 1\dfrac{1}{6} \div 0.7 =$

**④** $6\dfrac{3}{4} \div 0.9 + 3.6 \div \dfrac{3}{10} =$

**⑤** $2\dfrac{1}{2} \times 2.6 - \dfrac{4}{5} \div 0.4 =$

**⑥** $0.4 \times \left( 1.5 - \dfrac{3}{4} \right) \div 1\dfrac{1}{5} =$

①
②
③

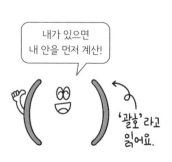

내가 있으면
내 안을 먼저 계산!

'괄호'라고
읽어요.

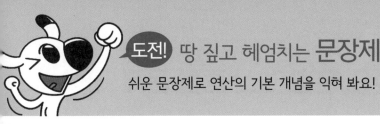
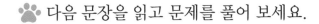

🐾 다음 문장을 읽고 문제를 풀어 보세요.

❶ 4.5를 $\dfrac{3}{5}$으로 나눈 몫에서 $2\dfrac{1}{2}$의 0.3배를 뺀 값은 얼마일까요?

_____

❷ $\dfrac{1}{3}$을 0.6배 한 수와 1.2를 $\dfrac{2}{5}$로 나눈 몫의 합은 얼마일까요?

_____

❸ 윗변이 5.8 cm, 아랫변이 $9\dfrac{1}{5}$ cm이고, 높이가 $6\dfrac{2}{5}$ cm인 사다리꼴의 넓이는 몇 cm²일까요?

_____

❹ 1.6과 $2\dfrac{1}{2}$의 곱에서 3.25를 뺀 값을 $\dfrac{3}{8}$으로 나눈 몫은 얼마일까요?

_____

숙덕숙덕

❶ 문장 아래에 순서대로 계산식을 하나씩 써 봐요.

➡ 4.5를 $\dfrac{3}{5}$으로 나눈 몫에서 $2\dfrac{1}{2}$의 0.3배를 뺀 값

$4.5 \div \dfrac{3}{5}$    $-$    $2\dfrac{1}{2} \times 0.3$

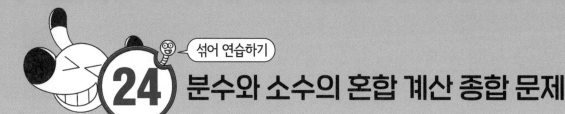

🐾 계산하세요.

① $1.6 \div \dfrac{1}{5} =$

② $\dfrac{3}{8} \div 0.5 =$

③ $2\dfrac{3}{4} \div 0.3 =$

④ $6.3 \div 4\dfrac{1}{2} =$

⑤ $\dfrac{3}{5} - 0.2 + \dfrac{1}{2} =$

⑥ $1.4 + 1\dfrac{3}{4} \div 3\dfrac{1}{2} =$

⑦ $3.5 \div 1\dfrac{1}{4} + 1\dfrac{3}{4} \times 2.4 =$

⑧ $1.2 \times \left( 2\dfrac{4}{5} + 1.7 \right) =$

🐾 계산하세요.

① $1\frac{3}{10} \div 0.5 =$

② $4.8 \div \frac{2}{5} =$

③ $2\frac{4}{5} \div 3.5 =$

④ $0.6 \times \frac{1}{3} =$

⑤ $1\frac{3}{5} - 0.8 + 4 =$

⑥ $0.2 \times 4\frac{1}{2} - 0.8 =$

⑦ $2.8 \div 1\frac{2}{5} + 1.6 \times 2\frac{1}{4} =$

⑧ $\left(3.7 + 2\frac{3}{4}\right) \div 1\frac{1}{2} =$

🐾 버스에 적힌 식의 계산 결과에 맞는 정류장에 멈추려고 합니다. 버스가 멈춰야 하는 정류장을 찾아 색칠해 보세요.

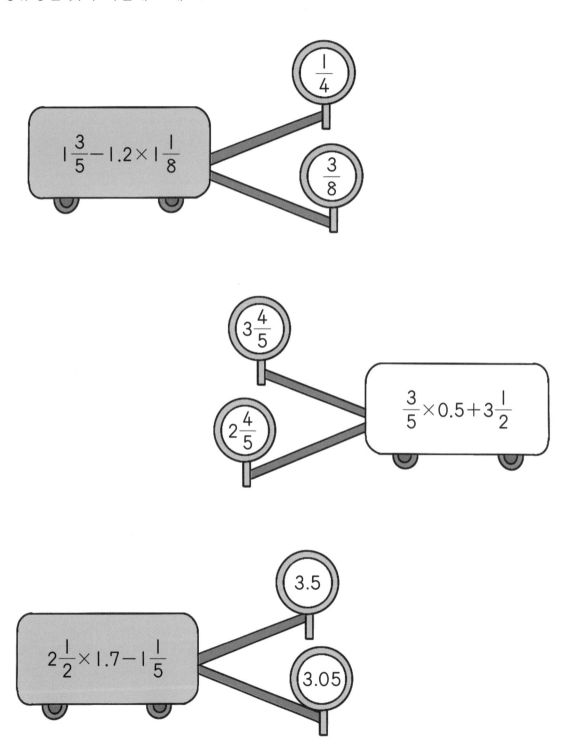

😺 계산 결과가 5보다 큰 길을 따라가면 생선을 먹을 수 있습니다. 쁘냥이가 생선을 먹으러 가는 길을 표시해 보세요.

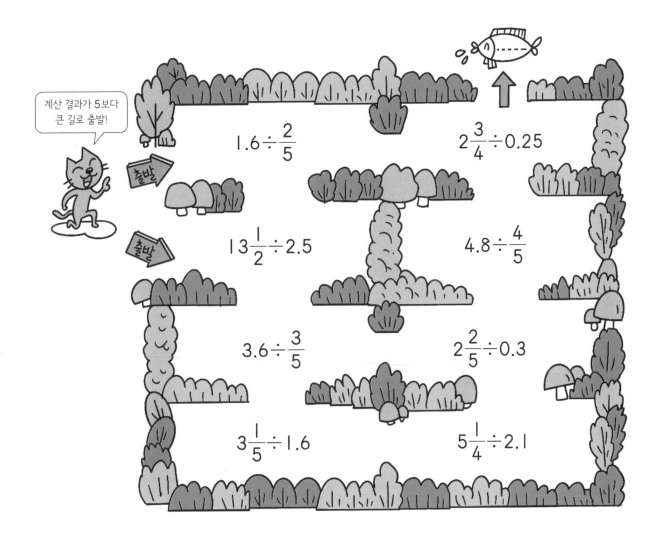

계산 결과가 5보다
큰 길로 출발!

출발

출발

$1.6 \div \dfrac{2}{5}$

$2\dfrac{3}{4} \div 0.25$

$13\dfrac{1}{2} \div 2.5$

$4.8 \div \dfrac{4}{5}$

$3.6 \div \dfrac{3}{5}$

$2\dfrac{2}{5} \div 0.3$

$3\dfrac{1}{5} \div 1.6$

$5\dfrac{1}{4} \div 2.1$

이제 소수의 계산도 자신있게 풀 수 있겠죠?
틀린 문제들을 꼭 확인하고 넘어가야
실수를 줄일 수 있어요!

## 소수의 또 다른 표현! '할푼리'

야구 경기에서 "바빠독 선수! 이번 경기 타율은 3할 2푼 3리입니다."라는
말을 들어 본 적 있지요? 타율을 말할 때 사용되는 '할푼리'는 비율을
소수로 나타낼 때 쓰는 표현이에요.

타율은 타자들이 타석에 나와 안타를 친 비율인 $\dfrac{(안타\ 수)}{(전체\ 타수)}$ 를 말해요.

이때 소수 첫째 자리는 '할', 소수 둘째 자리는 '푼',
소수 셋째 자리는 '리'로 나타내요.
따라서 바빠독 선수의 타율인 3할 2푼 3리를 소수로 나타내면
0.323이겠죠?
이렇게 야구 경기에서 쓰이는 소수의 또 다른 표현은 '할푼리'랍니다.

타율이 높을수록
야구를 잘하는 거야.

흠흠

타율 : 0.318
3할 1푼 8리

타율 : 0.275
2할 7푼 5리

# 바쁜
## 5·6학년을 위한
# 빠른 소수

 정답

스마트폰으로도 정답을 확인할 수 있어요!

맨날 노는데
수학 잘하는 너!
도대체 비결이
뭐야?

① 정답을 확인한 후 틀린 문제는 ☆표를 쳐 놓으세요~.
② 그런 다음 연습장에 틀린 문제를 옮겨 적으세요.
③ 그리고 그 문제들만 한 번 더 풀어 보세요.

시간은 얼마 걸리지 않아요. 그러나 이때 실력이 확 붙는 거예요.
아는 문제를 여러 번 다시 푸는 건 시간 낭비예요.
내가 틀린 문제만 모아서 풀면 아무리 바쁘더라도
수학 실력을 키울 수 있어요!

비결은
간단해!

## 01

### 01단계 Ⓐ　　　　　　　　　　19쪽

① 0.9　② 4.2　③ 8.2　④ 0.95
⑤ 0.92　⑥ 1.01　⑦ 2.37　⑧ 2.47
⑨ 9.86　⑩ 1.045　⑪ 2.012　⑫ 3.33
⑬ 8.23　⑭ 7.01　⑮ 6.4

### 01단계 Ⓑ　　　　　　　　　　20쪽

① 6.58　② 4.99　③ 2.06　④ 3.53
⑤ 2.17　⑥ 10.03　⑦ 2.413　⑧ 23.916
⑨ 9.257　⑩ 6.117　⑪ 7.014　⑫ 7.022
⑬ 3.176　⑭ 7.155

### 01단계 도전! 땅 짚고 헤엄치는 문장제　　21쪽

① 1.5 L　② 1.2 kg　③ 13.31 g
④ 4.308 L　⑤ 2.212 km

문장제 풀이

① (두 사람이 마신 우유의 양)
　=0.8+0.7=1.5(L)

② (인형이 담긴 바구니의 무게)
　=(바구니의 무게)+(인형의 무게)
　=0.23+0.97=1.2(kg)

③ (아기 돌반지의 무게)+(어머니 금반지의 무게)
　=3.75+9.56=13.31(g)

④ (물통에 들어 있는 물의 양)
　=(처음에 들어 있던 물의 양)+(더 부은 물의 양)
　=2.728+1.58=4.308(L)

⑤ (민수네 집에서 학교까지의 거리)
　+(학교에서 서점까지의 거리)
　=0.45+1.762=2.212(km)

## 02

### 02단계 Ⓐ　　　　　　　　　　23쪽

① 1.4　② 0.8　③ 2.7　④ 0.22
⑤ 1.09　⑥ 3.51　⑦ 5.06　⑧ 6.84
⑨ 1.87　⑩ 2.578　⑪ 1.226　⑫ 5.38
⑬ 10.38　⑭ 4.67　⑮ 8.84

### 02단계 Ⓑ　　　　　　　　　　24쪽

① 0.56　② 1.05　③ 1.53　④ 0.86
⑤ 2.47　⑥ 3.496　⑦ 2.717　⑧ 1.165
⑨ 2.857　⑩ 4.693　⑪ 0.397　⑫ 4.286
⑬ 3.595　⑭ 5.76

### 02단계 도전! 땅 짚고 헤엄치는 문장제　　25쪽

① 0.9 L　② 5.64 kg　③ 11.325 kg
④ 정민, 0.65 m　⑤ 0.66 m

문장제 풀이

① (남은 망고 주스의 양)
　=(처음 망고 주스의 양)-(마신 망고 주스의 양)
　=1.2-0.3=0.9(L)

② 6.34-0.7=5.64(kg)

③ 15.27-3.945=11.325(kg)

④ 28.57>27.92이므로
　정민이가 28.57-27.92=0.65(m) 더 멀리
　던졌습니다.

⑤ (물에 잠긴 막대의 길이)
　=(전체 막대의 길이)-(물 위로 나온 막대의 길이)
　=0.9-0.24=0.66(m)

## 03단계 Ⓐ                                    27쪽

① 10.9    ② 14.2    ③ 22.5    ④ 20.4
⑤ 6.78    ⑥ 7.03    ⑦ 1.7     ⑧ 2.5
⑨ 1.8     ⑩ 1.14    ⑪ 0.97    ⑫ 3.15
⑬ 6.84    ⑭ 0.29    ⑮ 11.88

## 03단계 Ⓑ                                    28쪽

① 33.13   ② 15.28   ③ 51.95   ④ 20.672
⑤ 33.794  ⑥ 34.267  ⑦ 2.85    ⑧ 1.03
⑨ 5.74    ⑩ 3.929   ⑪ 2.504   ⑫ 3.971
⑬ 14.203  ⑭ 13.006  ⑮ 23.817

## 03단계 Ⓒ                                    29쪽

① 21.99   ② 10.04   ③ 24.326  ④ 20.431
⑤ 13.685  ⑥ 11.746  ⑦ 26.846  ⑧ 4.418
⑨ 37.941  ⑩ 0.893   ⑪ 7.628   ⑫ 16.521
⑬ 8.063   ⑭ 7.898

## 03단계 도전! 땅 짚고 헤엄치는 문장제          30쪽

① 6.638 kg            ② 154.28 cm
③ 0.33 L              ④ 0.603 km

 문장제 풀이

① 2.638+4=6.638(kg)

② 145+9.28=154.28(cm)

③ 2−1.67=0.33(L)

④ 3−2.397=0.603(km)

## 04단계 종합 문제                              31쪽

① 6.6    ② 1.21   ③ 9.96   ④ 4.53
⑤ 6.56   ⑥ 1.05   ⑦ 5.36   ⑧ 8.54
⑨ 5.33   ⑩ 0.23   ⑪ 4.1    ⑫ 6.6
⑬ 4.76   ⑭ 0.78   ⑮ 2.33

## 04단계 종합 문제                              32쪽

① 1.2    ② 2.43   ③ 7.2    ④ 5.48
⑤ 4.29   ⑥ 7.17   ⑦ 1.4    ⑧ 7.52
⑨ 0.14   ⑩ 7.21   ⑪ 1.87   ⑫ 9.38
⑬ 1.1    ⑭ 2.55   ⑮ 6.89

## 04단계 종합 문제                              33쪽

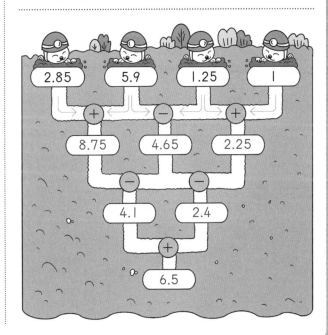

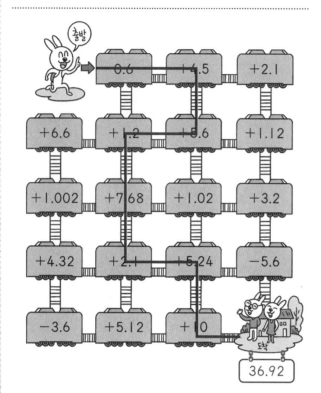

36.92

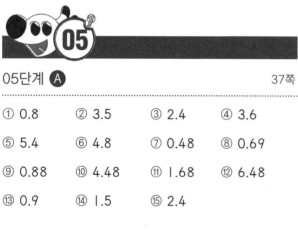

① 0.8　　② 3.5　　③ 2.4　　④ 3.6

⑤ 5.4　　⑥ 4.8　　⑦ 0.48　　⑧ 0.69

⑨ 0.88　⑩ 4.48　⑪ 1.68　⑫ 6.48

⑬ 0.9　　⑭ 1.5　　⑮ 2.4

① 3.2　　② 8.7　　③ 21.2　　④ 12.6

⑤ 43.2　⑥ 17　　⑦ 4.86　　⑧ 28.56

⑨ 17.46　⑩ 11.44　⑪ 41.4　　⑫ 44.1

⑬ 24.16　⑭ 46.4　⑮ 9.9

① 8.4　　② 33.6　　③ 72.8　　④ 70.3

⑤ 60　　⑥ 93　　⑦ 2.52　　⑧ 3.91

⑨ 34.88　⑩ 73.92　⑪ 57

① 2.4 m　　② 4.5 L　　③ 1.35 kg

④ 5.28 m　⑤ 90 kg

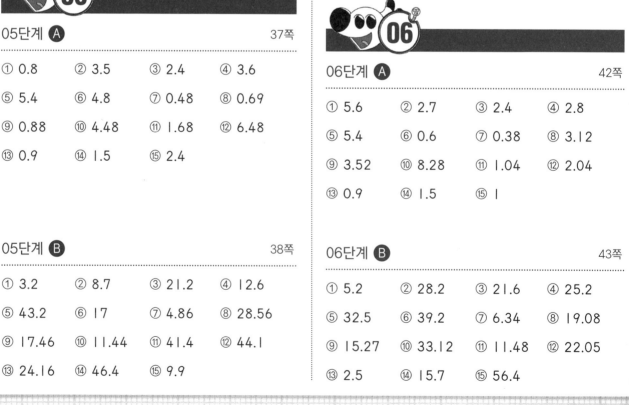

① 0.6×4=2.4(m)

② 1.5×3=4.5(L)

③ 0.27×5=1.35(kg)

④ 1.32×4=5.28(m)

⑤ 7.5×12=90(kg)

① 5.6　　② 2.7　　③ 2.4　　④ 2.8

⑤ 5.4　　⑥ 0.6　　⑦ 0.38　　⑧ 3.12

⑨ 3.52　⑩ 8.28　⑪ 1.04　　⑫ 2.04

⑬ 0.9　　⑭ 1.5　　⑮ 1

① 5.2　　② 28.2　　③ 21.6　　④ 25.2

⑤ 32.5　⑥ 39.2　　⑦ 6.34　　⑧ 19.08

⑨ 15.27　⑩ 33.12　⑪ 11.48　⑫ 22.05

⑬ 2.5　　⑭ 15.7　　⑮ 56.4

## 06단계 **C** 44쪽

① 4.8　　② 58.4　　③ 16　　④ 120.4

⑤ 82.8　　⑥ 179.4　　⑦ 3.06　　⑧ 15.98

⑨ 29.9　　⑩ 128.52　　⑪ 66

## 06단계 도전! 땅 짚고 헤엄치는 **문장제** 45쪽

① 2.4 m²　　② 59.5 km

③ 75.6 kg　　④ 234.6 mL

> 문장제 풀이
>
> ① 3×0.8=2.4(m²)
>
> ② 7×8.5=59.5(km)
>
> ③ 42×1.8=75.6(kg)
>
> ④ 345×0.68=234.6(mL)

## 07단계 **A** 47쪽

① 29.15/ 291.5/ 2915　② 4.07/ 40.7/ 407

③ 30.26/ 302.6/ 3026　④ 1.8/ 18/ 180

⑤ 53.2　　⑥ 9.6

⑦ 3075　　⑧ 240

⑨ 10/ 100/ 1000　　⑩ 10/ 1000/ 100

⑪ 100　　⑫ 0.02

⑬ 0.803　　⑭ 0.014

⑮ 0.056　　⑯ 0.73

## 07단계 **B** 48쪽

① 70.4/ 7.04/ 0.704　② 58.2/ 5.82/ 0.582

③ 6.3/ 0.63/ 0.063　④ 9/ 0.9/ 0.09

⑤ 5.6　　⑥ 8.12

⑦ 0.049　　⑧ 0.7

⑨ 0.1/ 0.01/ 0.001　⑩ 0.01/ 0.001/ 0.1

⑪ 0.1/ 0.01/ 0.001　⑫ 0.1/ 0.01/ 0.001

⑬ 6180　　⑭ 17

## 07단계 **C** 49쪽

① 83.2/ 8.32/ 0.832　② 117.6/ 11.76/ 1.176

③ 82.8/ 8.28/ 0.828　④ 72/ 7.2/ 0.72

⑤ 32.5/ 3.25/ 0.325　⑥ 40.6/ 4.06/ 0.406

⑦ 10.26/ 10.26/ 102.6/ 1.026

⑧ 576/ 57.6/ 57.6/ 5.76

## 07단계 도전! 땅 짚고 헤엄치는 **문장제** 50쪽

① 1.61　　② 11.7

③ 10 m　　④ 98 m

> 문장제 풀이
>
> ① $7×23=161$, $7×0.23=1.61$ (×0.01)
>
> ② $0.09×13=1.17$, $0.9×13=11.7$ (×10)
>
> ③ 직사각형의 세로를 □라고 하면
> 17.84×□=178.4이고, 소수점이 오른쪽으로
> 한 칸 이동했으므로 □=10(m)입니다.
>
> ④ 9.8×1000=9800(cm)=98(m)

## 08

### 08단계 Ⓐ
52쪽

① 0.12 ② 0.35 ③ 0.48 ④ 0.021

⑤ 0.072 ⑥ 0.06 ⑦ 0.318 ⑧ 0.216

⑨ 0.098 ⑩ 0.43 ⑪ 0.126 ⑫ 0.144

⑬ 0.147 ⑭ 0.666 ⑮ 0.736

### 08단계 Ⓑ
53쪽

① 3.12 ② 6.36 ③ 5.6 ④ 16.74

⑤ 27.2 ⑥ 46.08 ⑦ 50.56 ⑧ 76.26

⑨ 22.1 ⑩ 61.1 ⑪ 36.1 ⑫ 40.05

### 08단계 Ⓒ
54쪽

① 3.914 ② 7.296 ③ 4.368 ④ 16.65

⑤ 30.295 ⑥ 30.102 ⑦ 0.3553 ⑧ 1.6002

⑨ 0.875 ⑩ 0.354 ⑪ 0.783

### 08단계 도전! 땅 짚고 헤엄치는 문장제
55쪽

① 1.056 m² ② 9.35 kg ③ 10.062 kg

④ 39.9 km ⑤ 3.6 m

**문장제 풀이**

① $0.8 \times 1.32 = 1.056 (m^2)$

② $3.4 \times 2.75 = 9.35 (kg)$

③ $2.6 \times 3.87 = 10.062 (kg)$

④ $11.4 \times 3.5 = 39.9 (km)$

⑤ $0.002 \times 1.8 = 0.0036 (km) = 3.6 (m)$

## 09

### 09단계 종합 문제
56쪽

① 0.34 ② 0.35 ③ 22.75 ④ 1.48

⑤ 2.36 ⑥ 0.32 ⑦ 1.77 ⑧ 18.4

⑨ 0.85 ⑩ 1.36 ⑪ 22.2 ⑫ 4.23

### 09단계 종합 문제
57쪽

① 5.4 ② 2.04 ③ 8.2 ④ 1.16

⑤ 2.8 ⑥ 52.5 ⑦ 52.8 ⑧ 34.5

⑨ 37.1 ⑩ 47.43 ⑪ 37.92 ⑫ 0.23

### 09단계 종합 문제
58쪽

① 91.5 ② 40.15 ③ 1.098 ④ 4.56

⑤ 7.2 ⑥ 1.794 ⑦ 23.56 ⑧ 41.44

⑨ 0.952 ⑩ 0.756 ⑪ 2.451 ⑫ 1.08

### 09단계 종합 문제
59쪽

①

②

③

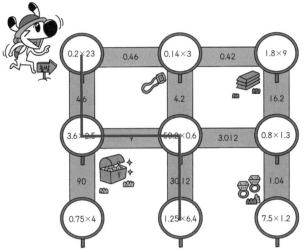

① 1.4 m     ② 1.5 m     ③ 1.32 kg

④ 2.86 kg     ⑤ 1.27배

문장제 풀이

① $5.6 \div 4 = 1.4$(m)

② $7.5 \div 5 = 1.5$(m)

③ $9.24 \div 7 = 1.32$(kg)

④ $11.44 \div 4 = 2.86$(kg)

⑤ $40.64 \div 32 = 1.27$(배)

## 10

### 10단계 A     63쪽

① 1.2     ② 1.4     ③ 2.1     ④ 1.6

⑤ 1.5     ⑥ 1.3     ⑦ 1.3     ⑧ 2.9

⑨ 2.4     ⑩ 3.3     ⑪ 7.3     ⑫ 5.7

### 10단계 B     64쪽

① 1.52     ② 2.34     ③ 1.84     ④ 1.23

⑤ 4.87     ⑥ 2.19     ⑦ 1.18     ⑧ 1.67

⑨ 2.34     ⑩ 1.18     ⑪ 1.57     ⑫ 8.52

### 10단계 C     65쪽

① 9.5     ② 6.6     ③ 5.8     ④ 3.4

⑤ 1.5     ⑥ 2.5     ⑦ 5.19     ⑧ 8.52

⑨ 2.15     ⑩ 3.28     ⑪ 4.13

## 11

### 11단계 A     68쪽

① 0.3/ >    ② 0.6/ >    ③ 0.7/ >    ④ 0.7

⑤ 0.9     ⑥ 0.9     ⑦ 0.2     ⑧ 0.8

⑨ 0.3     ⑩ 0.7     ⑪ 0.3     ⑫ 0.9

### 11단계 B     69쪽

① 0.19     ② 0.27     ③ 0.23     ④ 0.13

⑤ 0.16     ⑥ 0.31     ⑦ 0.24     ⑧ 0.23

⑨ 0.69     ⑩ 0.26     ⑪ 0.58     ⑫ 0.83

### 11단계 C     70쪽

① 0.2     ② 0.6     ③ 0.9     ④ 0.4

⑤ 0.5     ⑥ 0.6     ⑦ 0.85     ⑧ 0.19

⑨ 0.29     ⑩ 0.82     ⑪ 0.49

## 11단계 도전! 땅 짚고 헤엄치는 **문장제** 71쪽

① 0.5 L  ② 0.9 m  ③ 0.96 m

④ 0.95 L  ⑤ 0.68 kg

문장제 풀이

① 2.5÷5=0.5(L)

② 3.6÷4=0.9(m)

③ 3.84÷4=0.96(m)

④ 14.25÷15=0.95(L)

⑤ 8.16÷12=0.68(kg)

## 12단계 도전! 땅 짚고 헤엄치는 **문장제** 76쪽

① 4.76 cm  ② 1.35 L

③ 0.74 kg  ④ 5.35 L

문장제 풀이

① 23.8÷5=4.76(cm)

② 16.2÷12=1.35(L)

③ 3.7÷5=0.74(kg)

④ 42.8÷8=5.35(L)

### 12단계 Ⓐ 73쪽

① 1.25  ② 3.35  ③ 1.72  ④ 4.15

⑤ 1.75  ⑥ 3.94  ⑦ 3.75  ⑧ 6.15

⑨ 5.35  ⑩ 1.65  ⑪ 2.45  ⑫ 4.35

### 12단계 Ⓑ 74쪽

① 2.44  ② 2.35  ③ 1.55  ④ 2.25

⑤ 7.45  ⑥ 7.12  ⑦ 0.95  ⑧ 0.45

⑨ 0.95  ⑩ 2.75  ⑪ 2.14  ⑫ 5.85

### 12단계 Ⓒ 75쪽

① 3.15  ② 2.76  ③ 1.95  ④ 3.32

⑤ 3.75  ⑥ 1.45  ⑦ 0.25  ⑧ 0.85

⑨ 0.95  ⑩ 3.25  ⑪ 1.25

### 13단계 Ⓐ 78쪽

① 1.05  ② 3.06  ③ 1.05  ④ 3.05

⑤ 4.05  ⑥ 5.03  ⑦ 1.09  ⑧ 5.07

⑨ 7.09  ⑩ 2.06  ⑪ 3.06

### 13단계 Ⓑ 79쪽

① 1.05  ② 7.05  ③ 8.06  ④ 9.04

⑤ 1.07  ⑥ 6.09  ⑦ 8.06  ⑧ 4.07

⑨ 6.09  ⑩ 7.05  ⑪ 2.06  ⑫ 1.03

### 13단계 Ⓒ 80쪽

① 4.09  ② 3.07  ③ 4.06  ④ 6.07

⑤ 3.04  ⑥ 2.03  ⑦ 1.104  ⑧ 1.402

⑨ 2.507  ⑩ 2.003  ⑪ 0.406

## 13단계 도전! 땅 짚고 헤엄치는 **문장제** 81쪽

① 24.06 m
② 5.09 m
③ 16.05 g
④ 1.07 kg

① 96.24÷4=24.06(m)

② 30.54÷6=5.09(m)

③ 224.7÷14=16.05(g)

④ 16.05÷15=1.07(kg)

## 14단계 도전! 땅 짚고 헤엄치는 **문장제** 85쪽

① 2.2 cm
② 2.75 m
③ 2.8 kg
④ 2.25 kg
⑤ 0.6 g

① 11÷5=2.2(cm)

② 33÷12=2.75(m)

③ 14÷5=2.8(kg)

④ 9÷4=2.25(kg)

⑤ 15÷25=0.6(g)

### 14단계 Ⓐ 83쪽

① 1.2  ② 1.5  ③ 7.5  ④ 2.5
⑤ 2.8  ⑥ 1.5  ⑦ 1.8  ⑧ 3.5
⑨ 1.5  ⑩ 1.8  ⑪ 7.5  ⑫ 4.8

### 14단계 Ⓑ 84쪽

① 2.75  ② 4.25  ③ 6.75  ④ 1.25
⑤ 0.75  ⑥ 1.75  ⑦ 0.75  ⑧ 1.25
⑨ 1.92  ⑩ 2.25  ⑪ 6.25

### 15단계 Ⓐ 87쪽

① 16  ② 16  ③ 43  ④ 14
⑤ 14  ⑥ 46  ⑦ 6  ⑧ 2
⑨ 7  ⑩ 8  ⑪ 13  ⑫ 17

### 15단계 Ⓑ 88쪽

① 38  ② 48  ③ 32  ④ 9
⑤ 7  ⑥ 6  ⑦ 6  ⑧ 9
⑨ 15  ⑩ 7  ⑪ 6  ⑫ 4

### 15단계 Ⓒ 89쪽

① 13  ② 12  ③ 14  ④ 36
⑤ 19  ⑥ 28  ⑦ 12  ⑧ 47
⑨ 11  ⑩ 14  ⑪ 26

## 15단계 도전! 땅 짚고 헤엄치는 문장제 90쪽

① 15개      ② 7도막

③ 8일      ④ 4배

문장제 풀이

① $10.5 \div 0.7 = 15$(개)

② $26.6 \div 3.8 = 7$(도막)

③ $29.44 \div 3.68 = 8$(일)

④ $20.8 \div 5.2 = 4$(배)

## 16단계 도전! 땅 짚고 헤엄치는 문장제 95쪽

① 4.3 m      ② 6.7 m

③ 18.4배      ④ 1.4배

문장제 풀이

① $28.81 \div 6.7 = 4.3$(m)

② $1.809 \div 0.27 = 6.7$(m)

③ $7.912 \div 0.43 = 18.4$(배)

④ $63.42 \div 45.3 = 1.4$(배)

## 16단계 Ⓐ 92쪽

① 2.6    ② 3.4    ③ 4.3    ④ 1.4

⑤ 2.4    ⑥ 2.3    ⑦ 4.6    ⑧ 3.1

⑨ 5.2    ⑩ 3.5    ⑪ 2.5    ⑫ 9.1

## 16단계 Ⓑ 93쪽

① 1.4    ② 6.8    ③ 3.5    ④ 9.2

⑤ 4.3    ⑥ 2.9    ⑦ 1.7    ⑧ 6.5

⑨ 6.7    ⑩ 5.8    ⑪ 3.9    ⑫ 2.1

## 16단계 Ⓒ 94쪽

① 5    ② 15    ③ 5    ④ 12.5

⑤ 7.5    ⑥ 2.5    ⑦ 2.1    ⑧ 1.6

⑨ 3.4    ⑩ 4.8    ⑪ 1.3

## 17단계 Ⓐ 97쪽

① 4 ⋯ 0.1    ② 9 ⋯ 0.2    ③ 8 ⋯ 0.3

④ 13 ⋯ 0.2    ⑤ 6 ⋯ 0.6    ⑥ 22 ⋯ 0.3

⑦ 3 ⋯ 0.3    ⑧ 6 ⋯ 0.7    ⑨ 7 ⋯ 0.8

⑩ 4 ⋯ 0.7    ⑪ 8 ⋯ 1.3    ⑫ 5 ⋯ 1.1

## 17단계 Ⓑ 98쪽

① 8 ⋯ 0.2    확인 $3.2 \times 8 + 0.2 = 25.8$

② 20 ⋯ 1.2    확인 $4.5 \times 20 + 1.2 = 91.2$

③ 3 ⋯ 1.6    확인 $5.2 \times 3 + 1.6 = 17.2$

④ 16 ⋯ 0.3    확인 $9.4 \times 16 + 0.3 = 150.7$

⑤ 37 ⋯ 3.2    확인 $4.6 \times 37 + 3.2 = 173.4$

⑥ 25 ⋯ 3.1    확인 $8.7 \times 25 + 3.1 = 220.6$

⑦ 3 ⋯ 0.03    확인 $4.12 \times 3 + 0.03 = 12.39$

⑧ 4 ⋯ 0.07    확인 $6.08 \times 4 + 0.07 = 24.39$

⑨ 9 ⋯ 0.04    확인 $7.35 \times 9 + 0.04 = 66.19$

## 17단계 C 99쪽

① 8, 0.3/ 8, 0.03/ 8, 0.003/
12, 0.2/ 12, 0.02/ 12, 0.002/
같습니다에 ○표

② 1, 1.9/ 13, 0.1/ 131, 0.04/
6, 2.5/ 68, 0.1/ 683, 0.01/
커집니다에 ○표

③ 425, 0.5/ 42, 0.7/ 4, 0.33/
186, 0.2/ 18, 1.7/ 1, 2.41/
작아집니다에 ○표

## 17단계 도전! 땅 짚고 헤엄치는 **문장제** 100쪽

① 4개, 0.6 L          ② 5개, 0.3 kg

③ 8개, 0.6 g          ④ 7개, 0.2 m

① 4.2÷0.9＝4 … 0.6

② 3.8÷0.7＝5 … 0.3

③ 38.2÷4.7＝8 … 0.6

④ 3.84÷0.52＝7 … 0.2

## 18단계 A 102쪽

① 0.22……➡ 0.2          ② 0.55……➡ 0.6

③ 1.14……➡ 1.1          ④ 1.44……➡ 1.4

⑤ 0.85……➡ 0.9          ⑥ 5.66……➡ 5.7

⑦ 2.71……➡ 2.7          ⑧ 3.66……➡ 3.7

## 18단계 B 103쪽

① 2.57……➡ ❶ 3   ❷ 2.6

② 2.22……➡ ❶ 2   ❷ 2.2

③ 2.54……➡ ❶ 3   ❷ 2.5

④ 8.42……➡ ❶ 8   ❷ 8.4

⑤ 7.82……➡ ❶ 8   ❷ 7.8

⑥ 7.40……➡ ❶ 7   ❷ 7.4

## 18단계 도전! 땅 짚고 헤엄치는 **문장제** 104쪽

① 5.44                    ② 3

③ 0.2 kg                  ④ 0.49L

① 49÷9＝5.444……이므로
소수 셋째 자리에서 반올림하면 5.44입니다.

② 7÷11＝0.6363……으로
몫의 소수점 아래 첫째 자리에서부터 6, 3이
반복됩니다.
소수 10번째 자리의 숫자는 소수 짝수 번째 자리의
숫자와 같으므로 3입니다.

③ 9÷54＝0.16…… ➡ 0.2(kg)

④ 3.4÷7＝0.485…… ➡ 0.49(L)

## 19단계 종합 문제 105쪽

① 2.6      ② 0.4      ③ 6.83      ④ 13.76

⑤ 28.75    ⑥ 0.12     ⑦ 0.43      ⑧ 0.82

⑨ 0.584    ⑩ 1.5      ⑪ 0.8       ⑫ 0.5

⑬ 1.03     ⑭ 3.05     ⑮ 2.06

## 19단계 종합 문제　　　　　108쪽

 9.3　　　 18.6　　　 6.2

 문장제 풀이

① $1.52 = 1\frac{52}{100} = 1\frac{13}{25}$

② $1\frac{3}{20} = 1\frac{15}{100} = 1.15$(km)

③ $4.82 > 4\frac{3}{4} = 4.75$

④ $1.3 < 1\frac{2}{5} = 1.4$

## 21

### 21단계 Ⓐ                                    117쪽

① 7      ② 4      ③ 8      ④ 3

⑤ 0.4    ⑥ 3.2    ⑦ 12     ⑧ 2.5

⑨ 24     ⑩ 27     ⑪ $7\frac{7}{10}$    ⑫ $\frac{7}{25}$

⑬ $1\frac{1}{2}$    ⑭ $1\frac{3}{5}$    ⑮ $1\frac{1}{5}$    ⑯ 8

### 21단계 Ⓑ                                    118쪽

① 0.2     ② 8      ③ 5      ④ 3

⑤ 5.75    ⑥ 0.8    ⑦ 5      ⑧ 1.875

⑨ $3\frac{3}{4}$    ⑩ 4      ⑪ $1\frac{1}{2}$    ⑫ 7

⑬ $\frac{5}{6}$    ⑭ $7\frac{1}{2}$    ⑮ 3      ⑯ $1\frac{1}{4}$

### 21단계 Ⓒ                                    119쪽

① $6\frac{3}{10}$    ② 7      ③ $21\frac{1}{4}(21.25)$

④ $1\frac{14}{25}$    ⑤ $\frac{81}{100}$    ⑥ $1\frac{4}{5}(1.8)$

⑦ $\frac{1}{5}(0.2)$    ⑧ 3      ⑨ 6

⑩ 5      ⑪ 8      ⑫ $\frac{3}{4}(0.75)$

⑬ 5

### 21단계 도전! 땅 짚고 헤엄치는 문장제          120쪽

① 7명                    ② 4개

③ 2 m                    ④ $2\frac{1}{20}$배(2.05배)

 문장제 풀이

① $4.2 \div \frac{3}{5} = 4.2 \div 0.6 = 7$(명)

② $3\frac{9}{25} \div 0.84 = 3.36 \div 0.84 = 4$(개)

③ $4.5 \div 2\frac{1}{4} = 4.5 \div 2.25 = 2$(m)

④ $5\frac{1}{8} \div 2.5 = \frac{41}{8} \div \frac{5}{2} = \frac{41}{8} \times \frac{\overset{1}{2}}{5} = \frac{41}{20}$
$= 2\frac{1}{20}$(배) $= 2.05$(배)

## 22

### 22단계 Ⓐ                                    122쪽

① $5\frac{1}{5}(5.2)$    ② $11\frac{1}{4}(11.25)$    ③ 14

④ $1\frac{23}{40}$    ⑤ $1\frac{4}{5}$    ⑥ $1\frac{1}{5}$

⑦ 16     ⑧ 5      ⑨ 2

⑩ $2\frac{1}{2}(2.5)$    ⑪ $6\frac{1}{2}(6.5)$    ⑫ 2

⑬ 3      ⑭ $1\frac{1}{5}(1.2)$

정답 및 풀이  147

① $\dfrac{14}{15}$     ② $1\dfrac{17}{18}$     ③ $7\dfrac{5}{7}$

④ $\dfrac{10}{13}$     ⑤ $3\dfrac{1}{3}$     ⑥ $3\dfrac{5}{9}$

⑦ $7\dfrac{1}{3}$     ⑧ $9\dfrac{1}{6}$     ⑨ $4\dfrac{1}{3}$

⑩ $2\dfrac{4}{63}$     ⑪ $7\dfrac{2}{9}$     ⑫ $1\dfrac{1}{7}$

⑬ $\dfrac{2}{3}$     ⑭ $1\dfrac{3}{7}$

22단계 **도전!** 땅 짚고 헤엄치는 **문장제**     124쪽

① 12개     ② 1.9배     ③ 0.56 kg

④ 14송이

문장제 풀이

① $4\dfrac{4}{5}\div0.4=4.8\div0.4=12$(개)

② $6\dfrac{1}{4}\div3.3=6.25\div3.3=1.89\cdots\Rightarrow1.9$(배)

③ $1\dfrac{1}{2}\div2.7=1.5\div2.7=0.555\cdots\Rightarrow0.56$(kg)

④ $82.3\div5\dfrac{3}{4}=82.3\div5.75$

        $=14.3\cdots\Rightarrow14$(송이)

23단계 **A**       126쪽

① $1\dfrac{9}{10}(1.9)$    ② $3\dfrac{1}{2}(3.5)$    ③ $1\dfrac{8}{35}$

④ $\dfrac{19}{20}(0.95)$    ⑤ 17    ⑥ $2\dfrac{3}{25}(2.12)$

⑦ $\dfrac{11}{15}$

① $2\dfrac{11}{20}(2.55)$     ② $1\dfrac{17}{20}$

③ $1\dfrac{1}{20}$     ④ $6\dfrac{11}{25}(6.44)$

⑤ $\dfrac{93}{100}(0.93)$     ⑥ $5\dfrac{1}{2}$

⑦ $6\dfrac{1}{4}$

23단계 **C**       128쪽

① 6     ② $\dfrac{9}{10}(0.9)$     ③ $9\dfrac{1}{3}$

④ $19\dfrac{1}{2}(19.5)$     ⑤ $4\dfrac{1}{2}(4.5)$     ⑥ $\dfrac{1}{4}(0.25)$

23단계 **도전!** 땅 짚고 헤엄치는 **문장제**     129쪽

① $6\dfrac{3}{4}(6.75)$     ② $3\dfrac{1}{5}$

③ $48\ cm^2$     ④ 2

문장제 풀이

① $4.5\div\dfrac{3}{5}-2\dfrac{1}{2}\times0.3=6\dfrac{3}{4}=6.75$

② $\dfrac{1}{3}\times0.6+1.2\div\dfrac{2}{5}=3\dfrac{1}{5}$

③ $\left(5.8+9\dfrac{1}{5}\right)\times6\dfrac{2}{5}\div2=48(cm^2)$

④ $\left(1.6\times2\dfrac{1}{2}-3.25\right)\div\dfrac{3}{8}=2$

## 24단계 종합 문제      130쪽

① 8

② $\frac{3}{4}$(0.75)

③ $9\frac{1}{6}$

④ $1\frac{2}{5}$(1.4)

⑤ $\frac{9}{10}$(0.9)

⑥ $1\frac{9}{10}$(1.9)

⑦ 7

⑧ $5\frac{2}{5}$(5.4)

## 24단계 종합 문제      131쪽

① $2\frac{3}{5}$(2.6)

② 12

③ $\frac{4}{5}$(0.8)

④ $\frac{1}{5}$

⑤ $4\frac{4}{5}$(4.8)

⑥ $\frac{1}{10}$(0.1)

⑦ $5\frac{3}{5}$(5.6)

⑧ $4\frac{3}{10}$(4.3)

## 24단계 종합 문제      132쪽

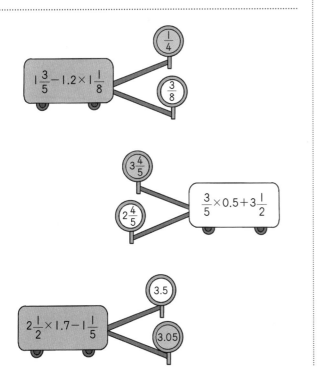

## 24단계 종합 문제      133쪽

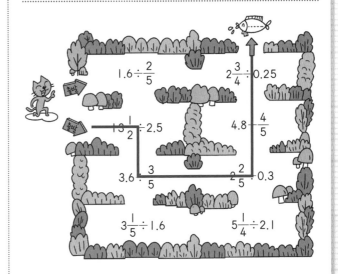

# '바쁜 5·6학년을 위한 빠른 분수'

명강사들의
강력 추천!

하~ 자꾸 분수만
틀리네?
분수만 모아 놓은
문제집 어디 없나?

"영역별로 공부하면
선행할 때도 빨리 이해되고,
복습할 때도 효율적입니다."

 **연산 총정리!**

중학교 입학 전에 끝내야 할 분수 총정리
초등 연산의 완성인 분수 영역이 약하면 중학교 수학을 포기하기 쉽다!
고학년은 몰입해서 10일 안에 분수를 끝내자!

 **영역별 완성!**

고학년은 영역별 연산 훈련이 답이다!
고학년 연산은 분수, 소수 등 영역별로 훈련해야 효과적이다!

 **탄력적 배치!**

고학년은 고학년답게! 효율적인 문제 배치!
쉬운 내용은 압축해서 빠르게, 어려운 문제는 충분히 공부하자!

어려운
문제는
충분히!

쉬운
내용은
압축!

## 5·6학년용 '바빠 연산법'

지름길로 가자! 고학년 전용 연산책

분수

소수

곱셈

나눗셈

# 이렇게 공부가 잘 되는 영어 책 봤어?
# 손이 기억하는 영어 훈련 프로그램!

★ 딸을 위해 1년간 서점을 뒤지다 찾아낸 보물 같은 책, 이 책은 무조건 사야 합니다. – 어느 학부모의 찬사

★ 개인적으로 최고라고 생각하는 영어 시리즈! – YBM어학원 10년 연속 최우수학원 원장, 허성원

**정확한 문법으로 영어 문장을 만든다!**

초등 기초 영문법은 물론 중학 기초 영문법까지
해결되는 책.

* 3·4학년용 영문법도 있어요!

**첨삭 없이 공부할 수 있는 첫 번째 영작 책!**

연필 잡고 쓰기만 하면 1형식부터
5형식 문장을 모두 쓸 수 있다.

**띄엄띄엄 배웠던 시제를 한 번에 총정리!**

동사의 3단 변화도 저절로 해결.

**과학적 학습법이 총동원된 책!**

짝 단어로 외우니 효과 2배.

* 3·4학년용 영단어도 있어요!

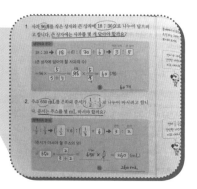
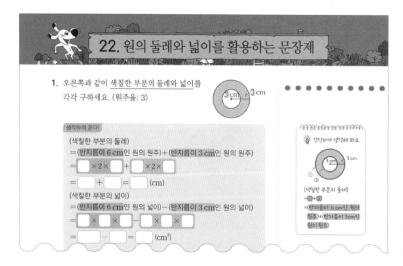